キレイになりたい人も勉強したい人も
もう悩まない！ 誰でもわかる

化粧品選びの常識が変わる！

美肌成分事典

美容化学者
かずのすけ
コスメレシピクリエイター
白野 実

私の肌に合う化粧品ってあるの？

ちゃんと肌診断してもらって買ってるんだけど
最近乾燥もひどいんだよね
そういえば
私も毛穴の黒ずみが全然よくならないのよね
ペり
うーん…
なんか私たちって
本当に自分の肌に合ったもの使ってるのかしら……
誰か教えて～！

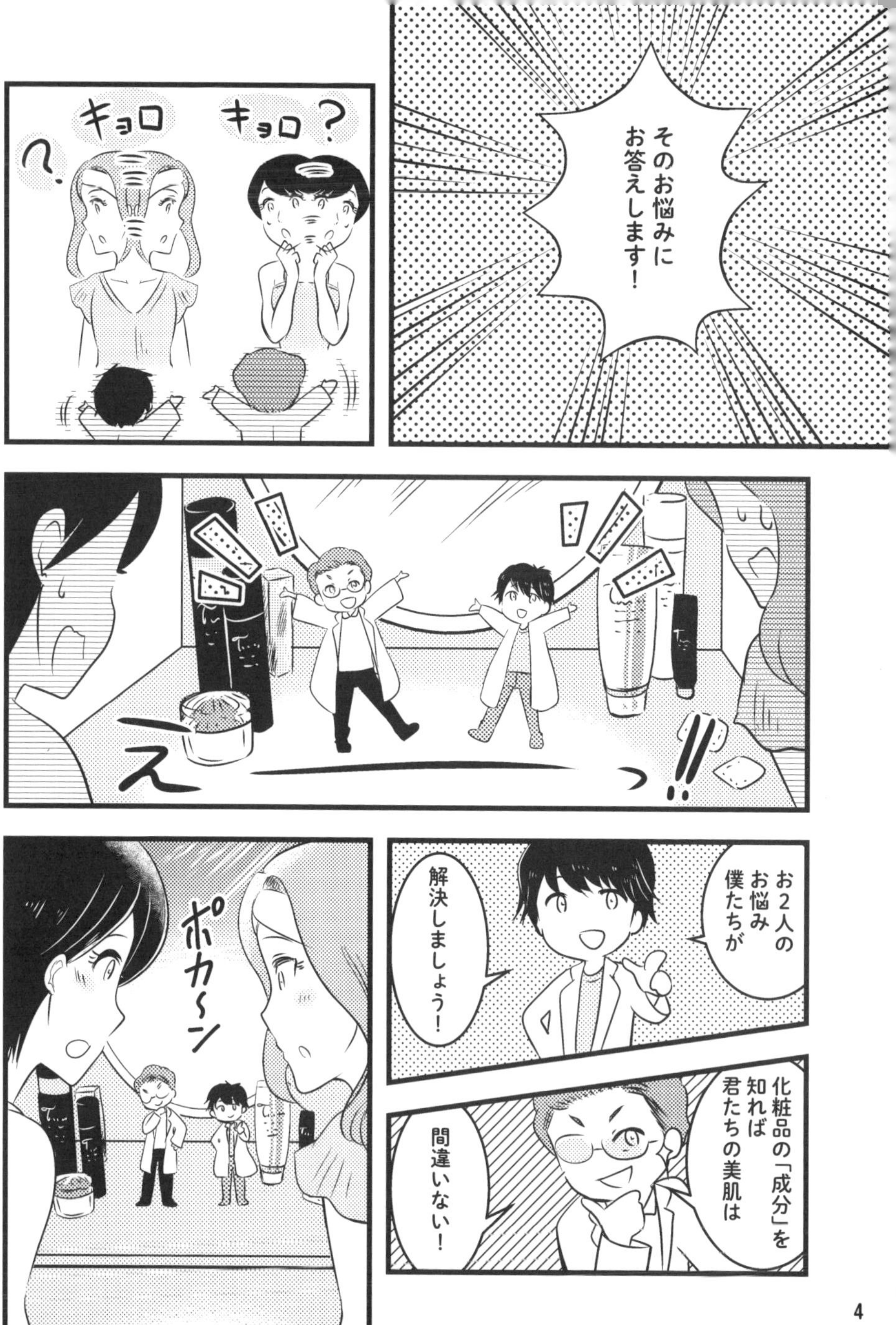

そのお悩みにお答えします!
キョロ
キョロ
?
?
え――っ!!
お2人のお悩み僕たちが解決しましょう!
化粧品の「成分」を知れば君たちの美肌は間違いない!
ポカ~ン

はじめに

本書をお手にとっていただきありがとうございます。美容化学者のかずのすけです。

　今回のテーマは「美肌成分事典」ということで、かねてよりさまざまな出版社様やたくさんの読者様よりリクエストされていたものです。しかしこれまでは、僕自身がデータや文献等での知識はあるものの、化粧品成分を原料から実際に触ってきたわけではないため、「自分では力不足です」とお断りしてきたテーマでした。また、現在化粧品に用いられている成分は延べ１４００種を超え、これをひとつの本にまとめるなどということは絶対に不可能で、主要な成分だけをピックアップして真に意味のある本に仕上げるには、僕だけの力では到底無理だと直感していました。

　そこで今回は、数十年にわたり実際に化粧品処方・安全性評価に携わってきたプロ中のプロであるコスメレシピクリエイター白野実さんに全面的な協力を仰ぎ、２年以上の歳月をかけてついに最高傑作の共著作が完成しました。ぜひ、より多くの方の目に触れ、化粧品を選ぶ楽しさを知っていただく手がかりとなれば幸いです。

かずのすけ

このたびは本書をお読みいただきありがとうございます。シロクロこと白野です。

　この本を読むきっかけは皆さんそれぞれ違うと思うのですが、化粧品や美容について、「いろんな情報がありすぎて何が正しいかわからない！」「成分表示されていても何が何だかわからない！」と思っている人が多いのではないでしょうか？　振り返ってみれば、化粧品にすべての成分を表示することになって以降、情報伝達手段の変化も相まって、情報「量」ばかり増え、「質」が落ち、逆に化粧品選びがより難しくなってしまったのではないかなと感じています。

　そんな中で、かずのすけから今回の企画を一緒に叶えたいという声、そんな機会をもらえて本当に感謝！　と同時に、私のコンセプトである「相手にとってできるだけわかりやすく」を信念に、少しでも皆さんに喜んでもらえる本にしなければならないという使命感で完成させました（結果、２年以上かかることに……）。

　この本が、皆さんが楽しく化粧品選びができるように、また化粧品難民から解放されて最高のパートナーを見つける一助になれば幸いです！

白野 実

CONTENTS

私の肌に合う化粧品ってあるの？ …… 2
はじめに …… 5
本書の構成と読み方・上手な使い方 …… 11
肌の悩みに合う化粧品を知りたい …… 12
化粧品成分をピンポイントで知りたい …… 12
本書のルール …… 13
登場人物紹介 …… 14

Part 1 化粧品成分表示の読み方

化粧品パッケージの見方 …… 16
化粧品の成分表示の基本ルール …… 17
化粧品の成分をながめるコツ …… 18
薬用化粧品の成分表示の基本ルール …… 20
薬用化粧品の成分をながめるコツ …… 21
成分表示Q&A …… 22
シロクロ先生COLUMN
旧表示指定成分フリー（無添加）だから安心という誤解 …… 26
化粧品の成分表示はこう変わった …… 27

Part 2 化粧品の基礎知識① ～化粧品の成分構成～

化粧品は何からつくられているの？ …… 30
基本の化粧品の成分構成 …… 32
化粧品の成分構成Q&A …… 36
美容化学者×コスメレシピクリエイター ここだけの話①
化粧品の成分構成 …… 37
クレンジングでメイクが落ちるメカニズム（転相） …… 38
かずのすけ的▼クレンジングの肌負担と肌状態別の選び方
シロクロ的▼クレンジングの考え方、選び方について …… 40
ミネラルオイルなど炭化水素油は本当に洗浄力が強い？
敏感肌には向かない？ …… 42
シロクロ先生COLUMN
化粧品のほとんどを占める"水"の正体は!? …… 44
水Q&A …… 46

Part 3 化粧品の基礎知識❷ ～ベース成分の特性と選び方～

❶水性成分（モイスチャー成分）…… 50
美容化学者×コスメレシピクリエイター ここだけの話❷
水性成分…… 52
❷油性成分…… 55
❷油性成分（エモリエント成分）…… 56
シロクロ先生 COLUMN
化粧品づくりは料理と同じ!?～油性成分と処方設計のコツ～…… 60
❸界面活性剤…… 62
陰イオン界面活性剤（アニオン界面活性剤）…… 64
陽イオン界面活性剤（カチオン界面活性剤）…… 66
両性イオン界面活性剤…… 67
非イオン界面活性剤（ノニオン界面活性剤）…… 68
かずのすけ的▼界面活性剤の刺激と「イオン」の関係…… 69
シロクロ先生 COLUMN
界面活性剤は肌に悪いもの？…… 69
石けんは最も身近な界面活性剤…… 70
教えて！　洗浄成分どう選ぶ？…… 71
シロクロ先生 COLUMN
各成分の欠点をカバーし、よいところをアップする「処方（レシピ）」の妙…… 72

Part 4 肌のしくみ

美肌への第一歩　まずは、肌のしくみを知ろう！…… 76
表皮と真皮のしくみ…… 78
美肌を支える細胞たち…… 80
美肌細胞の働き…… 82
肌のしくみQ&A…… 88

Part 5 肌の悩み・トラブル別化粧品成分の選び方

あなたの気になる悩みは？…… 90
TROUBLE 1 シミ・美白
シミはなぜできるの？…… 92
シミの種類とお手入れ方法…… 93
なぜ紫外線によってシミができるの？…… 94
肌悩み別「美容成分選び」が美肌への近道！
シミに効果的な４つの美白成分＋その他成分…… 96
美白化粧品の選び方・使い方のポイント…… 99
美白化粧品Q&A…… 100
シロクロ先生 COLUMN
私の「シミの記憶」…… 104

シロクロ先生 美肌の処方箋 …… 105

TROUBLE 2 シワ・たるみ

シワ・たるみの原因 …… 106
真皮がダメージを受けてシワができるイメージ …… 107
あなたの”シワ“はどのタイプ？ …… 108
肌にハリを与え、シワ・たるみをケアするポイント …… 109
肌悩み別「美容成分選び」が美肌への近道！
シワ・たるみに効果的な7つの成分 …… 110
かずのすけ COLUMN
シワ訴求成分の注意点 …… 114
シロクロ先生 美肌の処方箋 …… 115

TROUBLE 3 乾燥

乾燥はなぜ起こるの？ …… 116
アイテム別化粧品選びのポイント …… 119

TROUBLE 4 敏感肌・かゆみ

敏感肌とは？ …… 120
肌が過敏になるメカニズム …… 121
かずのすけ的▼敏感肌・肌の強さの考え方 …… 122
かずのすけ COLUMN
アトピー肌には「石けん」や「保湿」も刺激に!? …… 123
乾燥肌・敏感肌 Q&A …… 124

かずのすけ的▼アイテム別化粧品選びのポイント …… 125
乾燥肌・敏感肌ケアに最重要！
肌のバリア機能成分「セラミド」 …… 126
主要なセラミド成分一覧 …… 127
肌悩み別「美容成分選び」が美肌への近道！
乾燥肌・敏感肌・かゆみに効果的な成分 …… 128
かずのすけ COLUMN
乾燥肌や敏感肌を改善する一番の近道は？ …… 132
かずのすけ 言葉の美容液 …… 133

TROUBLE 5 脂性肌・テカリ

脂性肌・テカリの原因 …… 134
皮脂が分泌されるメカニズム …… 135
脂性肌・テカリケアのポイント …… 136
肌悩み別「美容成分選び」が美肌への近道！
脂性肌・テカリに効果的な成分 …… 137
かずのすけ COLUMN
「肌を洗いすぎると皮脂が増える」噂の真相は？ …… 140
シロクロ先生 美肌の処方箋 …… 141

TROUBLE 6 毛穴・角栓

毛穴はなぜ目立つの？ …… 142
毛穴ケアのポイント …… 144

肌悩み別「美容成分選び」が美肌への近道！
毛穴に効果的な成分……145

かずのすけ COLUMN
頑固な毛穴づまりも優しくオフ！「油脂系オイルクレンジング」
を使ったかずのすけ流毛穴ケア……150

かずのすけ　言葉の美容液……151

TROUBLE 7 ニキビ・大人ニキビ

ニキビの種類と原因……152
ニキビができるメカニズム……153
ニキビケアのポイント……154

肌悩み別「美容成分選び」が美肌への近道！
ニキビに効果的な5つの成分……156
ニキビ・大人ニキビQ&A……160

シロクロ先生　美肌の処方箋……161

TROUBLE 8 くすみ

なぜ肌はくすんで見えるの？……162
肌を黄色くくすませる「糖化」「カルボニル化」ってなに？……163
くすみ対策におすすめのケア……164

かずのすけ COLUMN
ゴマージュジェルやAHA（フルーツ酸）等による
マイルドピーリングの注意点……165

肌悩み別「美容成分選び」が美肌への近道！
くすみ6大要因に効果的な成分……166

シロクロ先生　美肌の処方箋……169

TROUBLE 9 クマ

クマはなぜできるの？……170
タイプ別クマのお手入れ……171

肌悩み別「美容成分選び」が美肌への近道！
クマに効果的な成分……173

かずのすけ COLUMN
雑なクレンジングで茶グマに!?……174

かずのすけ　言葉の美容液……175

CARE PARTS　PARTS 1 くちびる

くちびるのしくみ……176
くちびるがあれる7つの原因……177
リップケアで最重視すべきは「油分の補給」
乾燥したらすぐにリップクリームを！……178

肌悩み別「美容成分選び」が美肌への近道！
リップケアに効果的な成分……179

かずのすけ　言葉の美容液……180

CARE PARTS　PARTS 2 手

手あれはどうして起こるの？……181
手あれ対策のポイント……182

肌悩み別「美容成分選び」が美肌への近道！
手あれに効果的な成分……183

Part 6 化粧品の基礎知識 3 ～その他の成分～

防腐剤 186
防腐剤以外で防腐効果を有する「その他の成分」 187
かずのすけ的▼防腐剤の安全性の考え方 188
シロクロ先生COLUMN パラベンは悪者？ 防腐剤の真実 190
着香剤（香料） 192
主な天然精油 193
香料（天然精油）のアレルギーについて 194
シロクロ先生COLUMN 時代とともに高まる香料の安全性 196
「油脂」と「精油」の見分け方 197
精油と植物エキスの違い 198
着色剤 200
タール色素の色番号別顔料／染料早見表 201
紫外線防止剤 202
紫外線吸収剤とは？ 202
紫外線散乱剤とは？ 203
光老化を進める2つの紫外線と肌への影響 205
シロクロ先生COLUMN サンスクリーンアイテムの選び方・使い方 206
増粘剤・ポリマー 207
酸化防止剤 209
キレート剤 209
pH調整剤 210
その他の成分Q&A 211
シロクロ先生COLUMN 化粧品を守るためのルール 212
ポジティブリスト・ネガティブリストとは？ 213

Part 7 化粧品等の分類 化粧品・薬用化粧品の効能効果

化粧品等の分類 216
化粧品等の効果および安全性について 217
化粧品と薬用化粧品の効能効果 218
かずのすけCOLUMN 医薬品をスキンケアとして使うのはNG！ 220
シロクロ先生厳選！ まだまだある！ 注目の美容成分一覧 222
界面活性剤リスト 224
界面活性剤毒性・刺激性一覧 229
水性基剤（水性ベース成分）毒性・刺激性一覧 230
油性基剤（油性ベース成分）毒性・刺激性一覧 231
対談 かずのすけ×シロクロ先生 232
化粧品成分名索引 239

本書の構成と読み方・上手な使い方

本書は、次のような流れになっています。最初から最後まで全部通して読んでいただく必要はありません。自分が気になること、知りたいところから知識を深め、美肌を目指していきましょう！

Part 1 化粧品成分表示の読み方を見る

↓

Part 2 化粧品がどのような成分構成でつくられているかを見る

↓

Part 3 化粧品のベース成分を見る

↓

Part 4 肌のしくみと役割を見る

↓

Part 5 肌の悩み・トラブル別の化粧品成分の選び方を見る

↓

Part 6 その他成分の特性と働きを見る

↓

Part 7 化粧品・薬用化粧品の効能効果を見る

↓

化粧品成分名索引

肌の悩みに合う化粧品を知りたい

気になる肌の悩みにどんな化粧品成分を選んだらいいのかを知りたい人は、悩み別ＩＮＤＥＸから該当のページに進んでください。その悩みやトラブルの原因と目的に応じた化粧品成分が一目でわかります。

- TROUBLE 1　シミ・美白　P92
- TROUBLE 2　シワ・たるみ　P106
- TROUBLE 3　乾燥　P116
- TROUBLE 4　敏感肌・かゆみ　P120
- TROUBLE 5　脂性肌・テカリ　P134
- TROUBLE 6　毛穴・角栓　P142
- TROUBLE 7　ニキビ・大人ニキビ　P152
- TROUBLE 8　くすみ　P162
- TROUBLE 9　クマ　P170

- PARTS CARE　PARTS 1　くちびる　P176
- PARTS CARE　PARTS 2　手　P181

化粧品成分をピンポイントで知りたい

自分が使用している化粧品に入っている成分をピンポイントで知りたい人は、巻末の「化粧品成分名索引」（P234～239）から調べてみてください。

本書のルール

- 本書の内容は、2019年9月現在の情報に基づいて作成されています。

- 本書は、かずのすけ、シロクロ先生ともにそれぞれの経験や知識をもとに、お互いの考えを尊重し合うスタンスで書かれています。そのため、時折見解が異なるところもあります。肌は人によってさまざまですので、どちらの意見が自分の肌に合うのか、それぞれ判断していただけると幸いです。

- 本書で紹介、おすすめしているケアや成分については、効果および安全性を保証するものではありません。また本書に限ったことではありませんが、お肌に異常を感じた場合には直ちに使用を中止し、医師に相談するなどしてください。

- 「角質」「角質層」は「角層」に統一しています。

- 植物エキス等の天然成分は、同じ植物であっても産地や抽出方法など、さまざまな要因によってその作用や効果が異なるため、本書では原則として植物エキス等についてはおすすめ成分として紹介していません（→詳しくはP199）。

- Part5における医薬部外品の㊩マークの表示については、単に医薬部外品として認められているだけでは付与しておらず、それぞれの肌悩みに関連した効能効果を謳える場合のみに付与しています。
  例）パルミチン酸レチノールは医薬部外品の有効成分になり得ますが、「シワを改善する」という効能は謳えないので、シワに効果的な成分のページでは、㊩マークは付与していません。

登場人物紹介

コスメレシピクリエイター®

白野実
（シロクロ先生）

長年化粧品の開発および品質保証に携わり、現在は化粧品開発や処方技術のコンサルティングを手がけるとともに、講演・セミナー講師として全国で活躍中！　乗り鉄が趣味。

美容化学者

かずのすけ

横浜国立大学大学院修了。化粧品の成分解析や化学的視点から美容を解説するブログが人気で月間500万PV、Twitterフォロワー５万人超。幼い頃からアトピー。ネコとコーヒーが好き。

美肌家の長女

潤《じゅん》

最近、急に増えてきたシミやくすみに悩むアラフォー。美容には人一倍気を使い、名品コスメを多数愛用中。乾燥肌なのに皮脂が多い。

美肌家の次女

瑞《みずき》

化粧品にはそれほど興味がないアラサー。学生の頃からずっと変わらない最小限のスキンケアを続けている。イチゴ毛穴が悩み。

Part 1

化粧品成分表示の読み方

化粧品の容器やパッケージの裏に小さな文字で書かれている成分表示。

化粧品の成分はカタカナばかりでわかりにくい……そう思っている人も多いのでは？

化粧品は「医薬品、医療機器等の品質、有効性及び安全性の確保等に関する法律」（旧薬事法）により「（一般）化粧品」と医薬部外品である「薬用化粧品」の2つに分類され、それぞれ違う表示ルールが存在することで余計に混乱しがちです。ここでは、成分表示の読み方の基本ルールと、ながめるコツ・ポイントを解説していきます。

化粧品パッケージの見方

＼ 化粧品のパッケージの裏にはこんなことが書かれている！ ／

種類別名称
どんなアイテムかがわかるように　※2

商品の特徴
つくり手の想いや訴えたいことがここに！

使用上の注意
文字通り注意点。自主基準により、メーカー問わずほぼ同じ内容

発売元
製造販売元と同じ場合は記載なし

全成分表示
配合されている成分はここに書かれている！表示方法にはルールがある（P17、P20）

原産国
商品がつくられた国名

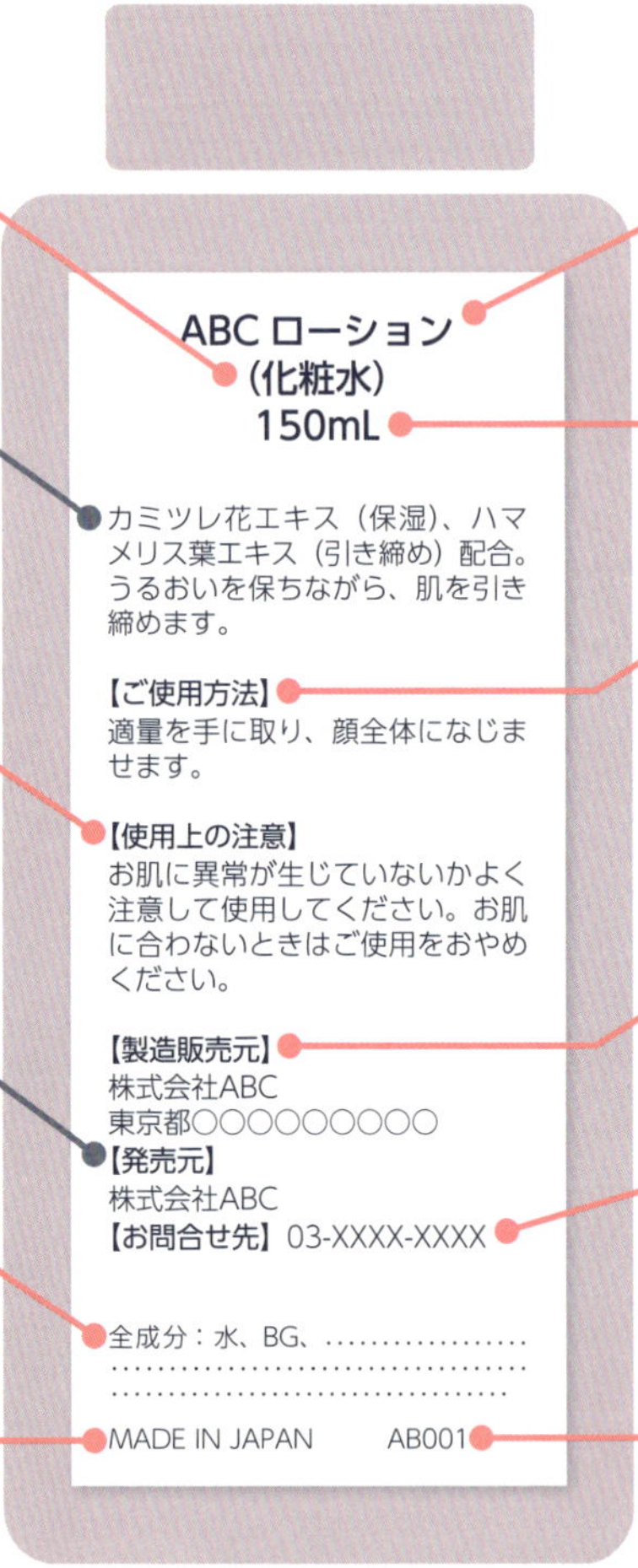

ABC ローション
（化粧水）
150mL
カミツレ花エキス（保湿）、ハマメリス葉エキス（引き締め）配合。うるおいを保ちながら、肌を引き締めます。
【ご使用方法】
適量を手に取り、顔全体になじませます。
【使用上の注意】
お肌に異常が生じていないかよく注意して使用してください。お肌に合わないときはご使用をおやめください。
【製造販売元】
株式会社ABC
東京都〇〇〇〇〇〇〇〇〇
【発売元】
株式会社ABC
【お問合せ先】03-XXXX-XXXX
全成分：水、BG、……………………
MADE IN JAPAN
AB001

販売名
都道府県に届出した商品名　※1

内容量
中身の容量や重さ　※3

使用方法
正しい使い方、使用量

製造販売元
この製品のすべての責任を負う会社名

問合せ先
何かあったらここに連絡！

製造番号
いつ製造されたかがわかるメーカー独自の番号。一般の人にはわからない

（ピンクの枠）：法律による義務表示　（グレーの枠）：法律上の記載義務はなく任意表示

※1　時々商品名が２つあるものも（届出した正式な商品名と会社独自の通称の２つを表示するケース）。
※2　商品名から判断できる場合は省略可。
※3　小容量容器は省略可。

化粧品の成分表示の基本ルール

薬機法※1（旧薬事法）により、薬用化粧品を除くすべての化粧品には「全成分表示」が義務づけられています。容器やパッケージの裏から、その化粧品にどんな成分が配合されているのかを読み取ることができます。

RULES 1 配合量の多い順にすべて記載する

RULES 2 配合濃度が1％以下の成分は順不同で記載してもよい

RULES 3 着色剤は配合量にかかわらず末尾にまとめて記載してもよい

RULES 4 香料として配合される成分の一つひとつには表示義務がないため、ひとまとめにして「香料」と記載できる

RULES 5 キャリーオーバー成分※2は記載しなくてよい

化粧品の成分表示例

1％のライン

植物エキスや多くの美容成分は1％以下

水、BG、グリセリン、ヒアルロン酸Na、ハトムギ種子エキス、エタノール、PPG-10メチルグルコース、コハク酸2Na、ヒドロキシエチルセルロース、コハク酸、メチルパラベン、香料、着色剤

- 1％以下の成分は必ずしも多い順ではない。
- 上記のような成分表の場合は、配合順に表記されている成分は水・BG・グリセリンの3成分のみということ。

※1　医薬品、医療機器等の品質、有効性及び安全性の確保等に関する法律（略称：薬機法）、旧薬事法。
※2　全成分表示に記載する義務がない成分のこと（P25参照）。

化粧品の成分をながめるコツ

コツ 1 まずは1%以下のラインを見極めよう！

ルール①②にあるように、全成分表示は1%を超えるものは多い順に、1%以下のものは任意順（バラバラ）に記載できます。つまり、その化粧品の性格を大きく左右する1%のラインを見極めるのが重要です。見極めポイントは以下のいずれかが最初に出てくるところ！（例外もあります）

- **植物エキス（植物の名前＋エキスがついたもの）**
- **機能性成分（グリチルリチン酸2Kなどの抗炎症剤、ヒアルロン酸、コラーゲン、セラミドなど少量で効果のある保湿剤など）**
- **増粘剤（キサンタンガム、カルボマーなど）や酸化防止剤（トコフェロール、アスコルビン酸）、防腐剤（パラベンなど）などの品質を保持する成分**
- **香料や精油**

コツ 2 1%を超える成分に注目！

1％の見極めができない場合は、全成分表示の1行目から2行目くらいに注目しましょう。そこに書かれている成分は、配合量が多くその化粧品の「骨組み」になります。この上位に書かれている成分が、使用感や肌に合うか合わないかの目安となることが多く重要なポイントとなります。また、この骨組みとなる成分はほとんどの場合「水性成分（P50）」「油性成分（P55）」「界面活性剤（P62）」に分類されます。注目ポイントは以下の通り。

- **刺激が懸念される強い成分や自分に合わない成分が入っていないか**
- **水性成分の使用感、油性成分の性状に着目するとテクスチャーを推測できる**
  例）水性成分にグリセリンが多い……しっとり
  例）油性成分に固形や半固形の成分が多い……リッチで重め
- **洗顔料などの洗い流すアイテムは、一番目に出てくる界面活性剤に着目する**
  例）石けん……洗浄力高めでしっかり洗える
  例）アミノ酸系……洗浄力穏やかで肌に優しい

＼コツ／

3 1%以下の成分の読み方

「化粧品は成分だけではわからない」といわれる一番の理由がココ！
1%以下の成分のチェックポイントは2つ。

- **美容成分などでは1%以下でも効果を発揮するものもあるので要チェック！**
- **エタノールなどの成分が主成分だと敏感肌には刺激があるが、1%以下の微量配合なら基本的に刺激になることはない。ただし、過去にアレルギーの原因となった成分は1%以下でも軽視せず注意する必要がある**

＼コツ／

4 「着色剤」は20%入っていても末尾に書けるので注意！

着色剤（P200）は配合量にかかわらず末尾に記載することができます。普通の着色剤（タール色素）などは高濃度で配合することはありませんが、酸化チタンや酸化亜鉛などの紫外線散乱剤（P203）はたとえ10%入っていても「白色顔料」としてまとめて書かれるケースも。これらの成分は末尾に書いてあっても微量と判断してはいけません！

成分表示のルールを
知ると知らないでは
化粧品の理解が
雲泥の差に。必ず知って
おきましょう！

薬用化粧品の成分表示の基本ルール

医薬部外品に分類される「薬用化粧品」には全成分表示の義務はありませんが、多くの薬用化粧品は業界団体の自主ルールに従って全成分が記載されています。その場合、最初に有効成分、続いてその他の成分と分けて表記しますが、順番は配合量に関係なく各メーカーが自由に表示することができます。

RULES 1 薬用化粧品（医薬部外品）には全成分表示の義務はない

RULES 2 旧表示指定成分（P26）は表示の義務があるが、キャリーオーバーと判断すれば記載しなくてもよい

RULES 3 日本化粧品工業連合会の自主基準として「有効成分」と「その他の成分」を分けて記載するのが原則

RULES 4 香料として配合される成分の一つひとつには表示の義務がないため、ひとまとめにして「香料」と記載できる

医薬部外品の成分表示例

有効成分に注目！

成分名が化粧品と違う場合あり

例）L-アスコルビン酸 2-グルコシド*、酢酸DL-α-トコフェロール*、精製水、濃グリセリン、1,3-ブチレングリコール、POEメチルグルコシド、水溶性ショウキョウエキス(K)、ユーカリエキス、N-アミジノ-L-プロリン、ヒアルロン酸Na-2、ベタイン、プルラン、キサンタンガム、リン酸2Na、水酸化K、無水エタノール、エタノール、フェノキシエタノール、エデト酸塩、香料

*は「有効成分」　無表示は「その他の成分」

化粧品とは違い、順番は成分量とは無関係な場合もあり

- 成分を完全にランダムに記載しているケースもある。
- 有効成分もその他の成分も何も記載されないケースもある。

薬用化粧品の成分をながめるコツ

コツ 1 まず重要なのは「有効成分」！

医薬部外品の中の一部である薬用化粧品は「有効成分の効果を厚生労働省が認めた化粧品」（P216）。つまり、まず重要なのはその「有効成分」になります。化粧品と違い、一番目に書いてあっても決して濃度が高いわけではない、という点に注意が必要です。医薬部外品の成分を見るときは、まずは有効成分と別に表示されている商品の効能効果の両方を見て、どの成分でどのような効果が実現されているかを確認しましょう。

コツ 2 「その他の成分」は参考程度に

「その他の成分」を見ることで、どのような成分が含まれているのかを知ることができます。自分の肌に合わない成分が含まれていないかなど、合う合わないを推定することができます。ただし、「その他の成分」は化粧品のような配合量の多い順に並べるといったルールはなく、記載順序は企業判断※なので、使用感を推測するのがむずかしくなっています。

コツ 3 化粧品とは成分名が違うものもあるので注意！

薬用化粧品の場合、化粧品とは成分の表示名称が異なっている場合があります。例えば、右の成分表の「1,3-ブチレングリコール」は、化粧品では「BG」と書かれていますので注意しましょう（表示名称が異なる成分の例はP22参照）。

※国に申請する申請書の順番など

Q 同じ成分なのに化粧品と医薬部外品では名前が違うのはどうして？

A 化粧品の表示名称は、原則としてＩＮＣＩ《インキ》名と呼ばれる国際的な成分名をそのまま和訳した形で命名されます。

それに対して医薬部外品は、国内の公定書である「医薬部外品原料規格」に収載されている名称や、各メーカーが国に申請した際の成分名を表示することになっています。これらはそれぞれ独自に命名されるため、同じ成分でも別の名称になってしまうことがあるのです。

化粧品の表示名称

化粧品の業界団体である日本化粧品工業連合会（粧工連）によって決められた「化粧品の成分表示名称リスト」の名称を使用する。

医薬部外品の表示名称

「医薬部外品原料規格」に収載されている成分名など、国に承認された申請書に記載されている名称（または認められた簡略名）を使用する。

← **結果として違う名前になり、わかりにくくなってしまうのです！**

表示名称が異なる成分の例

化粧品	医薬部外品
BG	1,3-ブチレングリコール
DPG	ジプロピレングリコール
PEG-40	ポリエチレングリコール2000
PEG-30水添ヒマシ油、PEG-60水添ヒマシ油など	ポリオキシエチレン硬化ヒマシ油
ラウレス硫酸Na	ポリオキシエチレンラウリルエーテル硫酸ナトリウム
メチルパラベン、エチルパラベンなど	パラオキシ安息香酸エステル
EDTA-2Na、EDTA-4Naなど	エデト酸塩
トコフェロール	天然ビタミンE、dl-α-トコフェロール、d-δ-トコフェロールなど
水	精製水

Q ＩＮＣＩ《インキ》名ってなに？

A ＩＮＣＩ名とは、米国の世界的な化粧品業界団体であるＰＣＰＣ（Personal Care Products Council／米国パーソナルケア製品評議会）の国際命名法委員会が、化粧品原料国際命名法（ＩＮＣＩ／International Nomenclature of Cosmetic Ingredients）というルールに基づいて作成した化粧品成分の国際的表示名称のこと。日本の成分表示名称は原則としてこのＩＮＣＩ名をもとに命名されていますが、特に植物を由来とする成分は「学名」をもとに名前がつけられることが多いため、一般の人にはなじみがなく、わかりにくい名称になってしまいます。

例えば、近年〝美肌効果が高い奇跡のオイル〟と人気の「アルガンオイル」は主にモロッコで生育しているアルガンツリーの種子から抽出されるオイル。ＩＮＣＩ名はArgania Spinosa Kernel Oilで、これを和訳した表示名称は「アルガニアスピノサ核油」となります。

その他、

サルビアヒスパニカ種子油
⇩ **チアシードオイル**

クダモノトケイソウ果実エキス
⇩ **パッションフルーツエキス**

アスパラサスリネアリス葉エキス
⇩ **ルイボス葉エキス**

カニナバラ果実エキス
⇩ **ローズヒップエキス**

など、表示名称からは成分が想像できないものも数多くあります。

Q 1％以下のラインがよくわからないのですが……

A 化粧品は基本的に「水性成分（水含む）」「油性成分」「界面活性剤」をベースとして処方の基礎がつくられています（P30）。

ベースに使われる成分が1％を超えるのに対して、それ以外の成分は使用感やコスト、安定性などさまざまな理由によりほぼ1％以下の配合量となります。

例えば、ヒアルロン酸Naは保湿剤として使われる粉状の美容成分。ヒアルロン酸100％原液として市販されている美容液もありますが、実はこれは原料として売られているヒアルロン酸Na1％水溶液をそのまま充填したもの。これ以上入れてしまうとかなりドロドロの状態になってしまって使いにくくなったり、テクスチャーやコスト面でもデメリットが出てきたりするため、ヒアルロン酸類の成分はトータルしてもほとんどの場合1％以下の濃度といえます。

つまり、

1％以上も入れるはずがないであろう成分＝1％のライン

〈例〉美容成分（Part5 P89〜）、植物エキス（P199）、精油（P193）

Q 無香料と表示されている化粧品から匂いがするのはどうして？

A 無香料というのは、あくまでも「商品に匂いをつける成分として香料が含まれていない」という意味です。香料が配合されていなくてもその化粧品に使用される油分や保湿剤などの原料にはそれぞれの匂いがあり、その匂いがわずかに感じられる場合があります。

Q 表示しなくてもよい キャリーオーバー成分って どんな成分？

A キャリーオーバー成分とは、全成分表示に記載する義務がない成分のこと。キャリーオーバー（carry over）は、「持ち越す」という意味で原料の製造過程において品質を保つために添加されたり、残留物として残っていたりする可能性のある微量成分を指します。このように原料に元々含まれ、化粧品製造販売業者（メーカー）が意図しない成分には必ずしも表示義務はないということ。ただし、表示しなくてよいのは、化粧品の品質、安全性にすべての責任を負うメーカーが「製品に影響を及ぼさない」と判断した場合のみ。

また○○無添加、○○フリーという場合には、たとえキャリーオーバー成分であっても○○に相当する成分が含まれていてはいけないことになっています。

キャリーオーバー成分の具体例

原料をつくる（合成）過程で生成してしまう副生成物や不純物、合成に必要な成分

← エタノール、イソプロパノール、t-ブタノール、酸化スズなど

原料を流通させる上で加えるもの

← 防腐剤（パラベン、フェノキシエタノール、BGなど）、酸化防止剤（トコフェロールなど）など

シロクロ先生
COLUMN

旧表示指定成分フリー（無添加）だから安心という誤解

表示指定成分とは、１９８０年に厚生省（現厚生労働省）によって指定された香料を含めた１０３種類の成分のこと。防腐剤や酸化防止剤、タール色素など、合成、天然由来にかかわらず「使う人の体質によっては、ごくまれにアレルギーなどの肌トラブルを引き起こす恐れがある」として、化粧品に配合するときは容器やパッケージへの表示が義務づけられていました。

しかし、その後、新しい成分が次々と開発され、化粧品に配合されるようになったにもかかわらず、表示指定成分のリストは一切見直しをされることなく、２００１年４月からの全成分表示制度の導入とともに廃止されました（医薬部外品については、現在も香料を含めた１４０種類の表示が義務化されています）。

これにより、成分の安全性についてはメーカーの自己責任となりました。何かが無添加であればその成分を明示して「○○無添加」、「○○フリー」などと表現することができますが、１０３種類の成分を添加していない、ということで無添加化粧品をアピールするメーカーも多いようです。

化粧品は本来副作用が少ないものとはいえ、すべての人の肌に合うわけではありません。安全性が高い保湿剤と考えられているＢＧ（1,3-ブチレングリコール）（Ｐ50）でさえ、近年では皮膚トラブルの報告があります。「旧表示指定成分フリーだから安心！」「無添加１００％！」などというキャッチコピーには要注意。旧表示指定成分以外にも皮膚トラブルを起こしやすい成分はまだたくさんあるのです。

化粧品の成分表示はこう変わった

「シャンプー」の成分例

1980年～ 2001年 3月まで

＜表示指定成分＞
ポリオキシエチレンラウリルエーテル硫酸塩、ラウリル硫酸塩、安息香酸塩、エデト酸塩、2-メチル-4-イソチアゾリン-3-オン、赤色227号、黄色4号、香料

表示指定成分しか書かれていないため、実際に何が配合されているかわからなかった

→

2001年4月～

＜全成分表示＞
水、ラウレス硫酸Na、ラウリル硫酸Na、コカミドプロピルベタイン、香料、コカミドMEA、塩化Na、安息香酸Na、EDTA-4Na、クエン酸、エチレンジアミンジコハク酸3Na、PEG-60アーモンド脂肪酸グリセリル、グアーヒドロキシプロピルトリモニウムクロリド、アーモンド油、黄4、メチルイソチアゾリノン、赤227、クエン酸Na、キシレンスルホン酸Na

すべての成分を書くことが義務づけられたため、わかりやすくなった

安全性は自分でチェック！
だからこそ、成分表示をちゃんと見て自分に合ったものを選ぶことが大切なのです!!

成分なんて
ちゃんと見たこと
なかったね～
なるほど
うんうん
え～っと
1行目から2行目を
見ればいいのね
あれ？
なんか似てない？
順番は違うけど
結構同じのが
入ってる
ホントだ
入れる成分は
だいたい
決まって
いるんです！
肌に合うか
合わないかはまず
化粧品の大部分を
占めるベース成分が
重要なんです
ベース成分!?

Part 2

化粧品の基礎知識 1

～化粧品の成分構成～

普段使っている化粧品が何からできているか知っていますか？
どんな化粧品でもつくり方には共通点があります。
ここではアイテムごとに配合されている成分の構成割合を紹介していきます。

化粧品は何からつくられているの？

化粧品は『水』・『油』・『界面活性剤』の3つの成分をベースにしてつくられています。

水性成分
P50

＋

油性成分
P55

＋

界面活性剤
P62

＋

美容成分
P89 ～

その他の成分
防腐剤／着香剤／着色剤／紫外線防止剤／増粘剤・ポリマー／酸化防止剤／キレート剤／pH調整剤
P185 ～

↓

化粧品

化粧品の成分の中で最も多い割合を占めるのが水性成分・油性成分・界面活性剤の３つのベース成分（基剤）です。それぞれの成分の濃度や配合の割合によって別のカテゴリーの製品になりますが、成分の定義はありません。

基本の化粧品の成分構成

（※割合は一般的な目安であり、あてはまらない場合もあります）

クリーム

水	50～85%
水性成分	5～20%
油性成分	5～40%
界面活性剤	2～8%

水性成分と油性成分の組み合わせの自由度が高くさまざまなタイプがある。他のアイテムに比べて肌表面に油分を補う効果が高い。

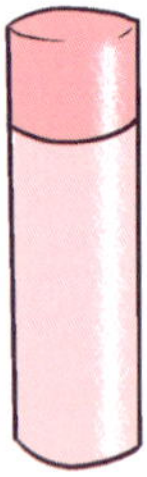

化粧水

水	80～95%
水性成分	5～20%
油性成分	0～0.5%
界面活性剤	0～1%

肌に必要な水分を補い、水分バランスを整える。種類によっては引き締め（収れん）や浸透を促進するものも。

洗顔料（固形）

水	0～10%
水性成分	0～30%
油性成分	0～1%
界面活性剤	60～95%

浴用石けんよりも保湿剤が多く、マイルドな洗浄力。成分の約９割が洗浄成分の「機械練り」より美容成分が多く配合できる「枠練り」タイプが多い。

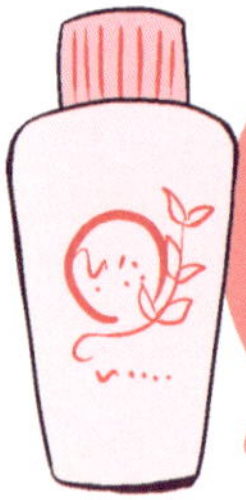

乳液

水	70～90%
水性成分	5～20%
油性成分	1～10%
界面活性剤	1～5%

化粧水とクリームの中間的なアイテム。肌の水分と油分のバランスを整え、やわらかくなめらかにする。通常は化粧水の後に使用。

クレンジング（オイルタイプ・バームタイプ）

水	0～3%
水性成分	0～5%
油性成分	70～85%
界面活性剤	10～20%

メイク汚れになじみやすく、洗い流すときに転相※するのが特徴。油性成分の種類（P55）により使用感は異なるが、クレンジング力は高め。バームタイプは固形状の油性成分を入れることで硬くしている。

洗顔料（クリームタイプ）

水	50～70%
水性成分	10～30%
油性成分	0～2%
界面活性剤	10～30%

固形石けんに比べて泡立てやすく、保湿剤を多く含むものが多い。主な洗浄成分として弱アルカリ性の脂肪酸石けんタイプと弱酸性の非石けんタイプ（アミノ酸系など）に分かれる。

クレンジング（油性ジェルタイプ）

水	0～3%
水性成分	10～30%
油性成分	50～80%
界面活性剤	5～20%

オイルタイプより水性保湿成分が多く、しっとりとした洗い上がりになるものが多い。オイルタイプと同様に転相※するため、洗い流しが可能。

洗顔料（液状）

水	60～80%
水性成分	5～20%
油性成分	0～1%
界面活性剤	10～20%

とろみのついたリキッドタイプの他、泡で出るタイプが多い。洗浄成分の量は他のアイテムより少なめでよりマイルドなものが多い。

※転相とは？

油の中に水が分散している状態（W/O型）が洗い流すときに水が増えることで逆転し、水の中に油が分散した状態（O/W型）に変わること。逆に水分が蒸発することで、水の中に油が分散した状態（O/W型）から油の中に水相が分散している状態（W/O型）になる。詳しくはP38を参照。

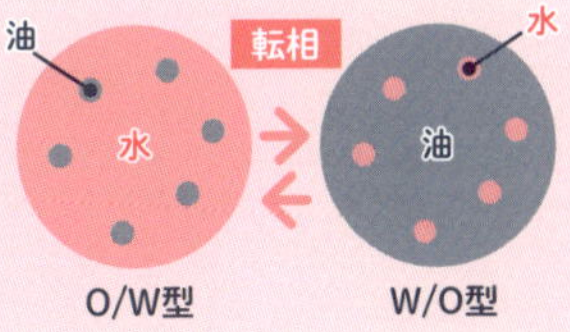

クレンジング（クリームタイプ）

水	50～85%
水性成分	5～20%
油性成分	5～50%
界面活性剤	2～20%

ミルクタイプよりもオイルを多く配合できるため、マイルドさはそのままで、クレンジング力が高くなる傾向に。転相するタイプとしないタイプがあるが、どちらもクレンジング後はほどよいしっとり感が残るものが多い。

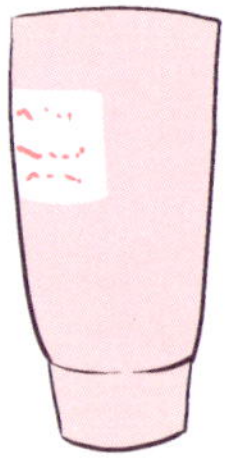

クレンジング（水性ジェルタイプ・リキッドタイプ）

水	60～80%
水性成分	10～20%
油性成分	0～5%
界面活性剤	10～20%

オイルタイプや油性ジェルがオイルによってメイク汚れを浮かせるのに対し、こちらは界面活性剤の力でメイク汚れを浮かして落とすしくみ。クレンジング力は若干落ちるが、洗い上がりはしっとりしたものが多い。

クレンジング（ローションタイプ、シートタイプ）

水	60～80%
水性成分	5～20%
油性成分	0～5%
界面活性剤	5～20%

ほぼオイルフリーで界面活性剤の力でメイク汚れを落とす。水性ジェルやリキッドタイプよりもクレンジング力が低め。コットンや不織布シートに含浸させてふき取って使うことが多いため、その物理的な力でクレンジング力を補っている。

クレンジング（ミルクタイプ）

水	70～90%
水性成分	5～20%
油性成分	1～20%
界面活性剤	1～20%

オイルと界面活性剤の両方でメイク汚れを落とすが、双方とも配合量が他のアイテムに比べて少ないためクレンジング力がやや低め。その分、肌にはマイルドなものが多い。

日焼け止め
(ウォータープルーフタイプ W/O 型)

水	20 ～ 70%
水性成分	5 ～ 10%
油性成分	15 ～ 70%
界面活性剤	0 ～ 10%
紫外線吸収剤、散乱剤	5 ～ 30%

W/O型（P33）のため、肌に塗った後のヴェールが耐水性（ウォータープルーフ）となり、持続性が向上する。また、より多くの紫外線防止剤（P202）が配合できるため、SPFやPA（P206）は高くなる傾向に。最近では専用クレンジングが必要なものが少なくなってきている。

日焼け止め
(ジェル、乳液・クリーム O/W 型)

水	60 ～ 80%
水性成分	5 ～ 20%
油性成分	0 ～ 20%
界面活性剤	1 ～ 10%
紫外線吸収剤、散乱剤	5 ～ 30%

オイルフリー、もしくはO/W型（P33）のため、石けんで簡単に落ちるなど洗い流しがラクなものが多い。その反面、持続性や紫外線防御効果がやや低くなる傾向に。

シャンプー

水	60 ～ 80%
水性成分	5 ～ 20%
油性成分	0 ～ 2%
界面活性剤	10 ～ 20%

比率はボディソープなどと似ているが、アルカリ性でごわついてしまう毛髪を洗うことがメインのため、ほとんどが非石けん系。毛髪に適した保湿成分なども配合されている。

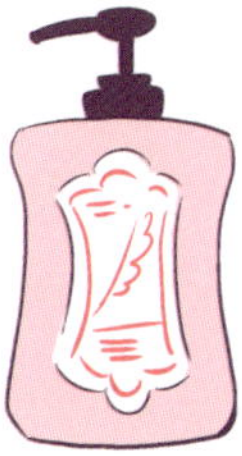

リンス・コンディショナー・トリートメント

水	50 ～ 80%
水性成分	5 ～ 20%
油性成分	10 ～ 25%
界面活性剤	1 ～ 5%

陽イオン（カチオン）界面活性剤（P66）などが毛髪に吸着することで帯電を抑え、ポリマーやオイル成分などが髪の毛の表面をコーティングして髪を保護、ダメージを補修する。

硬さとトリートメント効果
リンス < コンディショナー < トリートメント

リップアイテム
（スティック、バーム、グロス）

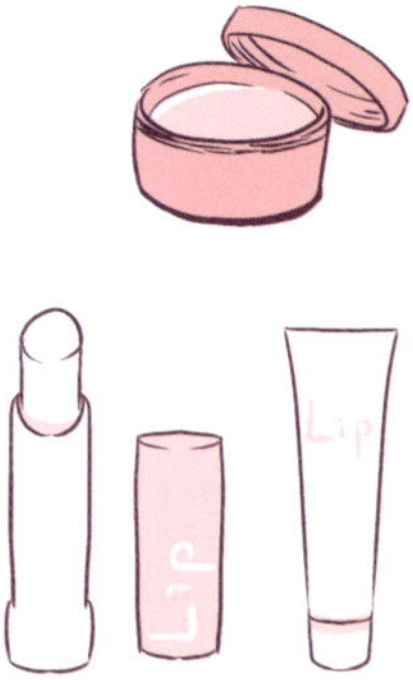

水	0～1%
水性成分	0～1%
油性成分	98～100%
界面活性剤	0～1%

どれもほぼ油性成分で構成されており、油の種類と量によって硬さが変わる。使い勝手や使用感、ツヤ感などはそれぞれ異なっている。

硬さ
スティック ＞バーム＞グロス

化粧品の成分構成 Q&A

Q 美容液の成分構成は？

A 実は「美容液」には明確な定義がありません。一般的には「保湿成分や美容成分が多めに含まれているもの」という位置づけで、他のアイテムのようにそれぞれの成分の配合量の目安が決まっておらず、メーカーによってまちまち。最近では「乳液状美容液」「クリーム状美容液」「ジェル状美容液」と表示されている商品もよく見かけるようになりました。

Q ひとつで2役こなせるアイテムがあるのはなぜ？

A 「手にも使えるヘアトリートメント」のように兼用使いができるアイテムは、油性成分やポリマーの量、種類がポイントで、ともに髪や肌にヴェールをつくる成分が必要になるなど、使う成分の特徴や成分構成が近いため、2つの用途を持たせることができます。他にも、なめらかな油性成分がポイントの「クレンジング&マッサージクリーム」や、同じような着色剤やベース成分を使う「リップ&チーク」などがあります。

美容化学者×コスメレシピクリエイター

ここだけの話❶ 化粧品の成分構成

複雑にできているように見える化粧品も、基本的には水と3つのベース成分を混ぜ合わせたもの。これに品質や安全性を高める防腐剤などの成分を添加して成り立っています。

油性成分がゼロもしくは微量に含まれる化粧水があって、そこに油性成分を足していけば乳液になり、さらに足して硬くすればクリームになる、というイメージを持っていただければよいかと思います。つまり使うものは同じなんですよ。ベース成分もそれぞれいろいろな種類がありますが、3要素のバランスによってテクスチャーが変わります。

化粧品の形だけをつくるときに入れるベース成分はだいたい決まっていて、ある程度濃度が高くなっても肌に刺激がないものじゃないといけません。たくさん使いたくてもコストが高すぎてしまう成分だとベースには使われにくいんですよね。

化粧品の設計は料理をつくるのと一緒。同じ食材でも他の食材との組み合わせや調味料の割合で違うメニューになるように、化粧品もベース成分の配合次第で違うアイテムになります。

その組み合わせは無限大！ どういう使用感を出したいのかによって入れる成分が全然変わってくるんですよ。

洗顔料やクレンジングなどの洗い流すものについては、どうやって無理なく汚れを落とすかに主眼をおいて成分を変えています。

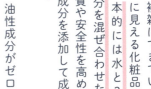

クレンジングでメイクが落ちるメカニズム（転相）

ファンデーションなどのメイクアップ料は基本的に油分がベースでできています。そのため、水やお湯で洗い流そうとしても落ちにくく、クレンジングを使ってきれいに落とすことが必要になります。クレンジングは、大きく分けて「油で落とすタイプ」と「界面活性剤で落とすタイプ」の２つに分けられます。

1 油で落とすタイプ（オイル＋界面活性剤の力を使う）

特徴

- 基本的にクレンジング力が高い
- 肌に摩擦がかかりにくいため肌負担は低め
- オイルの種類・界面活性剤の量によって乾燥しやすくなることも

アイテム　オイルタイプ、油性ジェルタイプ、ミルクタイプ、クリームタイプ、バームタイプ※

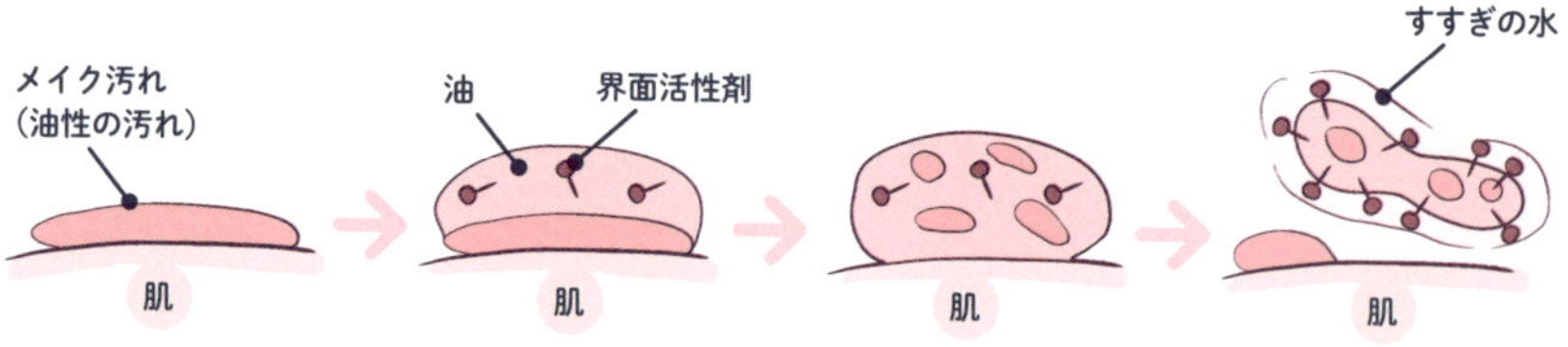

肌の上にメイク汚れが残った状態

クレンジングに配合されている油が汚れを包み込む

肌になじませると汚れが油に溶け込む

すすぎの水によって汚れが流れ落ちる

▼

油分同士の溶け合いによってメイクを落とす。界面活性剤は洗い流しのために配合されている。

※オイル、クリーム、油性ジェル、ミルクなど油分の入ったタイプのクレンジングは濡れた手で使うと転相しにくくなる場合があります。説明書をしっかり読んでメイクをすっきり落としましょう！

2 界面活性剤で落とすタイプ（界面活性剤のみの力を使う）

特徴

- クレンジング力はさほど強くない
- しっかり落とすには摩擦が必要なものも
- 軽いメイクを落とすのに向いている

アイテム　水性ジェルタイプ、リキッドタイプ（例外あり）、ローションタイプ、シートタイプ

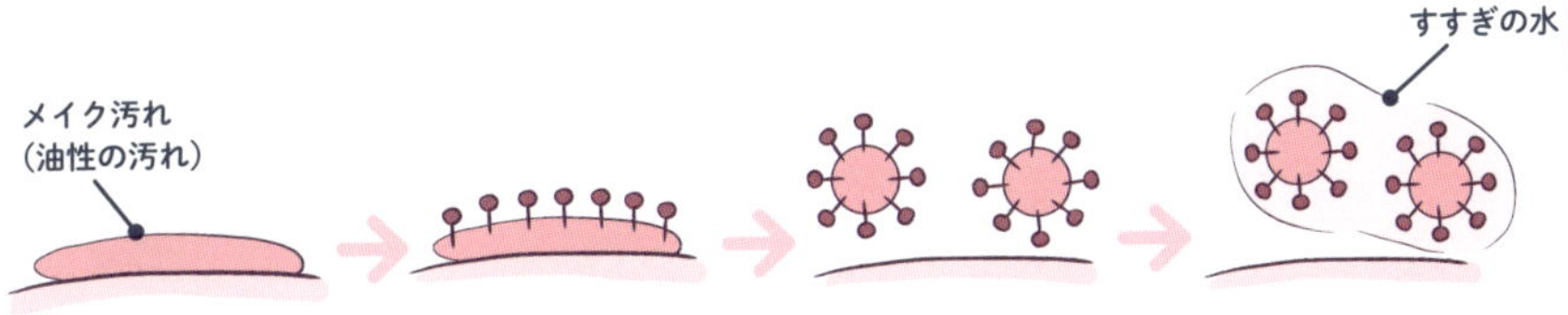

肌の上にメイク汚れが残った状態

クレンジングに配合されている界面活性剤の「親油基（疎水基）」（P63）が汚れの表面に吸着する

肌になじませると界面活性剤が汚れを包み込んで汚れを浮かせる

水となじみがいい界面活性剤の「親水基」（P63）が外に配向しているため、界面活性剤が吸着した汚れはすすぎの水によって流される

▼

界面活性剤のみの力でメイクの油分をなじませて洗い流している。摩擦やふき取りなどでクレンジングを促進する必要がある。

かずのすけ的

クレンジングの肌負担と肌状態別の選び方

P38・39のように、クレンジングには「油で落とすタイプ」と「界面活性剤で落とすタイプ」があります。油で落とすタイプは油性成分にどんな成分が使われているのかを確認することがとても重要。特に、肌の状態が敏感肌、乾燥肌の人は洗浄力の強い炭化水素油系（ミネラルオイル、スクワランなど）（P56）のものより、油脂（P58）を使ったものの方がおすすめです。

クレンジング剤ごとの洗浄力と肌負担

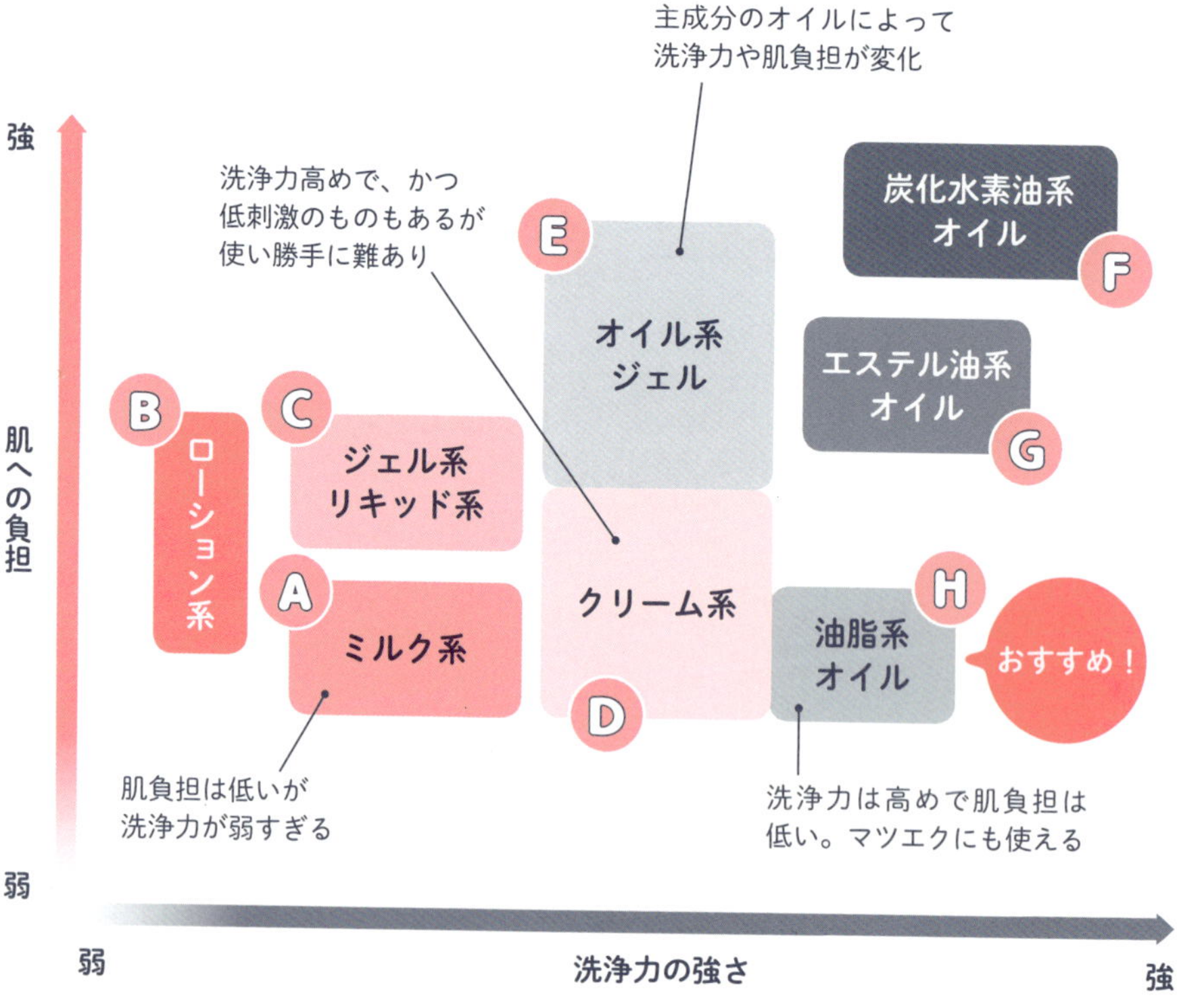

A ミルク系 → 肌負担は低いが洗浄力が弱すぎるため、対応できるメイクが少ない。

メイク 軽め　肌状態 乾燥肌・敏感肌・混合肌

B ローション系 → 界面活性剤のみで洗浄するため、洗浄力は弱いが肌負担は大きい。

メイク 軽め　肌状態 脂性肌・普通肌・強靭《きょうじん》肌

C ジェル系・リキッド系 → 基本的にはローションタイプにゲル化剤を加えただけ。

メイク 軽め　肌状態 脂性肌・普通肌・強靭肌

D クリーム系 → 主成分のオイルの種類によっては優秀。

メイク 普通　肌状態 乾燥肌・敏感肌

E オイル系ジェル → ミネラルオイルをジェル化したものが主流。

メイク しっかり　肌状態 普通肌・強靭肌

F 炭化水素油系オイル → ミネラルオイルなどを主体とした最も一般的で洗浄力の高いオイル。

メイク しっかり　肌状態 強靭肌

G エステル油系オイル → 炭化水素油系よりは低負担だが、油脂系よりは脱脂力が高め。

メイク しっかり　肌状態 普通肌・強靭肌

H 油脂系オイル → 人間の皮脂と類似のオイルのため、洗浄力が強くても乾燥せず、肌への負担も低い。

メイク 普通～しっかり　肌状態 乾燥肌・敏感肌

その日の
メイクの濃さや
肌の状態に合わせて
使い分けを
しましょう！

※脂性肌の場合、D～Hのオイル系クレンジングはW洗顔をおすすめします。

シロクロ的
クレンジングの考え方、選び方について

ミネラルオイルなど炭化水素油は本当に洗浄力が強い？敏感肌には向かない？

　前のページで出てきた「かずのすけ的クレンジングの肌負担と選び方」にある炭化水素油系オイルについて、私は違う考え方をしています。ずばり炭化水素油そのものが「強力」とも「乾燥しやすい」とも考えていません。「炭化水素油」の代表格である「ミネラルオイル」は長年より低刺激が求められる「ベビーオイル」に使われてきましたし、高価格帯で人気のあるクレンジングクリームにも「ミネラルオイル」「ワセリン」などが使われていることなどを踏まえるとそうは思えないのです。

　クレンジングの処方のポイントはさまざまなメイク汚れをきれいに落とすこと。炭化水素油で落ちやすいメイクもあれば、エステル油で落ちやすいもの、シリコーンオイルで落ちやすいメイクもあります。それら数種類のオイルを絶妙なアレンジで組み立ててつくられるため、ひとつの成分だけで「肌への負担」が決まるものではありません。

　では、なぜ炭化水素油メインのクレンジングオイルが「肌を乾燥させる」と感じさせるのか？　それは「炭化水素油」が油性成分の中で最も水になじみにくい性質を持つからで、それを水で洗い流すために界面活性剤の組み合わせや量がやや強めにならざるを得ないことが一因となっているのではないかと考えています。

クレンジングアイテムの選び方

　クレンジングの選び方は「落とすメイクに合わせる」のが基本。ライトなメイクであれば、比較的クレンジング力が優しいクレンジングミルクやクレンジングウォーターなどでも十分ですが、ウォータープルーフ効果の高いメイクなどといったハードなメイクはクレンジングオイルやクレンジングクリームといった油分の多いクレンジング料で落とすのがベター。

その理由はクレンジングを使う上で「重要なポイント」があるから。それはクレンジング時、洗い流し時の両方で「こすらないこと！」。肌に優しいクレンジング料を使っても「落ちないっ！」といってこすってしまっては全く逆効果なのです。優しくメイクとなじませるようにして浮き上がらせ、洗い流すときも優しくクルクルと乳化させて落とす。これが無理なくできるものを選ぶことが理想のクレンジングアイテムだと考えています。

シロクロおすすめクレンジングは？

では、「シロクロ的おすすめアイテムは？」と聞かれたら、まずは「クレンジングクリーム」をすすめるようにしています。クレンジングクリームは、クレンジングに適した油性成分が選択され、さらに水性の保湿成分がバランスよく配合されており、メイク落とし効果に優れるのはもちろんのこと、洗い流したときに適度な保湿感をキープできるから。優しいテクスチャーも◎。実はスキンケアアイテムの中でもクレンジングクリームの処方設計は難易度が高いのです。メイクを効率よく浮き上がらせるオイルの選択と肌の上で素早く転相（P38）すること、肌に負担なく水で洗い流せること、さらに安定性を確保すること……それらをすべて叶えるのは至難の業。クレンジングクリームは、各社の処方設計技術を映す鏡といえるかもしれません。

シロクロ先生
COLUMN

化粧品のほとんどを占める “水”の正体は!?

近年、水にこだわっていることをアピールしている化粧品を多く見かけます。化粧水や乳液、洗顔フォームなど、ほとんどのアイテムにおいて、成分表示の一番目に書いてあることからわかるように、化粧品の成分構成のベースは水になります。また、うるおいのある肌を保つためにも水分は非常に大切で、その品質が気になるのは当然ですね。

水として最も一般的に使用されるのは「精製水」です。精製水とは、水道水や井戸水（地下水）などをイオン交換処理したり、非常に小さな穴を持つ膜でろ過したり、蒸留・紫外線殺菌することによって純度を高くした水のこと。コンタクトレンズ用の精製水がまさにそれです。

その他の水としてよく使用されるのは、「植物水」「ハーブ水」「アロマ水」とも言われるローズ水やラベンダー水のようなもの。これらはハーブなどから精油を取り出す工程で得られる「芳香蒸留水」と呼ばれるもので、微量の精油（約０・０１％～０・１％）を含むのが特徴。

また、「温泉水」や「海洋深層水」などの天然の水を使ったものもありますが、これらには多くのミネラル成分が含まれています。

ミネラル成分は肌をすべすべにしたり、肌なじみをよくするなどの効果がある反面、化粧品中の成分と結合したり、粘度を低下させるなど品質の劣化につながる可能性も。そのため、温泉水や海洋深層水などの水の中にはミネラル分を極力減らす処理をしたものもあるのです（処理の度合いによっては、ほぼ精製水に近づくことも）。

では、私たちは化粧品に入っている”水“をどのように見極めればよいのでしょうか？

植物水や温泉水、海洋深層水な

どは天然由来でイメージもよいですが、精油成分やミネラル成分も微量で精製水と比べてさほど大きな違いはありません。

また、原料として使用する場合、精製水は各化粧品工場で精製されてその場ですぐに使用されますが、その他の水は原料として流通、保管されなければなりません。その間に菌が繁殖してしまうこともあるため、多くの場合は防腐剤などを入れる必要が出てきます。つまり、ほとんどは天然成分がそのまま使われることはなく、天然だからといって必ずしも肌によいというわけではないのです。

このようにどれも水としての機能に大きな差はないので「どんな水を使っているものを選んだらいいか？」ということはさほど気にせず、自分の好みやイメージに合ったものを自由に選んでいただければOK。また、敏感肌の人は不純物やミネラル成分などを極力取り除いたクリーンな精製水（表示名称：水、精製水）を選択すればより安心です。

化粧成分の大半を水が占めているというと、「じゃあ水だけでいいのでは？」という人もいますが、水だけだと蒸発しやすく、肌にうるおいを与えるためには保湿成分が必要。さらに、さっぱり、しっとりといった使用感を残すのは水性成分（P50）の役割なのです。

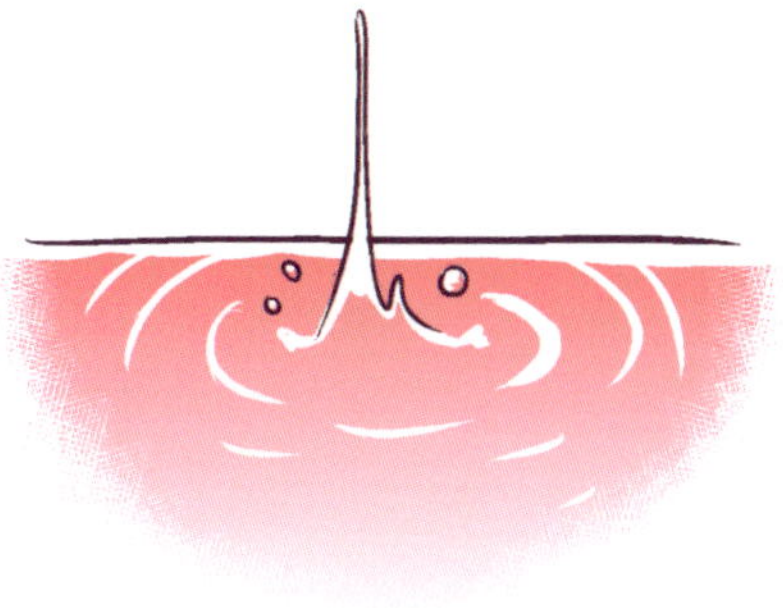

Q 化粧品に使用される〝水〟にはどんな表示名称があるの？

A 代表的なものは水（精製水）、天然水（温泉水、海水など）、芳香蒸留水（ハマメリス水、ダマスクバラ花水など）、果汁（アロエベラ液汁、キダチアロエ液汁など）、などがあります。

ベース成分に使われる水系成分の一覧

種類	成分の例	説明
普通の水	水、精製水	最も一般的な水。イオン交換などの方法により不純物を限りなく除去している。特別な作用はないが、不純物を含まないため安全性は最も高い。
ミネラル含有水	温泉水、海水、フムスエキスなど	温泉水や海水（海洋深層水）などがこれに当たる。金属イオンや無機物などのミネラル類や有機物を含む。ミネラル由来の特殊な作用があるが、不純物が肌に合わない場合も。
芳香蒸留水	ハマメリス水、ダマスクバラ花水、ラベンダー水、ユーカリ水、レモングラス水、ローズマリー水、セージ水、リンゴ果実水、オレンジ果実水など	主に芳香を持つ植物の花や葉などを水蒸気蒸留して得られた水。植物のエキスや芳香成分（精油）を微量に含んでいる。香料として扱われるケースも多い。該当の精油などにアレルギーがある場合は注意。
果汁	アロエベラ液汁、キダチアロエ液汁、ヘチマ水、アンズ果汁、オレンジ果汁など	アロエベラやヘチマなどの植物や果物の果汁を化粧品成分用に処理したもの。果汁特有の糖類などの保湿成分や芳香成分を含む。
酵母培養液・発酵液	サッカロミセス培養液、ガラクトミセス培養液、酵母培養液、コメ発酵液など	牛乳やコメ、黒糖などを酵母菌で発酵させたものの上澄みを濾して得られた液体。発酵時に生まれたアルコール類やアミノ酸などの保湿成分を微量に含んだ水で、酵母菌そのものは含まれていない。コメ発酵液は「日本酒」を化粧品成分用に処理したものも。

ボタニカルウォーターが入ってます
水にもいろいろあるんだ
お店の人がボタニカルウォーターって言ってたけど？
ボタニカルウォーターは「植物水」
芳香蒸留水のことですよ
ナチュラルオーガニックと並んでトレンドですが
ボタニカル
ナチュラル
オーガニック
どれも同じものを指します
成分的にはどれもあまり変わりないのね
へ～
え？
それじゃあ肌に優しいのはイメージだけ？
敏感肌じゃなければ
自分の好みのイメージに合ったものを選んでいいと思いますよ
なるほどネ！
ヘェ

ベース成分の割合で化粧品のアイテムが変わるなんて
おもしろーい！
化粧水に界面活性剤を加えたら
シャンプーになるの!?
化粧水に油を加えたら乳液になるし
もっと油を多くすればクリーム
割合が決まっているなら
化粧水とか乳液って分ける必要あるの？
たしかに…
割合はあくまで目安
どんな化粧水をつくりたいかによって臨機応変に割合を変えたり
うんうん
その割合の中でどんな成分を使うかを吟味します
だからベースにどの成分がどのくらい含まれるかってことが
重要なんですよ！
ピョン
なぜジャンプ…

Part 3

化粧品の基礎知識 ②
～ベース成分の特性と選び方～

化粧品の大部分を占める①水性成分②油性成分③界面活性剤の３つのベース成分は、使用感に直結し、テクスチャーを決める上で最も重要です。
それぞれいろいろな種類がありますが、多くの化粧品に配合されている代表的な成分とその働きをひとつずつ見ていきましょう。

1 水性成分（モイスチャー成分）

水に溶けやすく油に溶けにくい成分。使用感で選ぶのがおすすめ

敏　敏感肌の人にもおすすめの成分

1%　配合濃度が1%以下でも十分な効果を発揮する成分

成分名は化粧品表示名称、〔　　〕内は医薬部外品表示名称または通称など

グリセリン〔濃グリセリン〕　敏

保湿力がとても高く、しっとりとしたうるおいを長時間キープしてくれる優秀な保湿剤。皮膚にも存在している成分なのでアレルギー性が弱く低刺激。水となじむと発熱するためホットクレンジングなどに高配合されるのも特徴。植物由来のものが広く使用される。

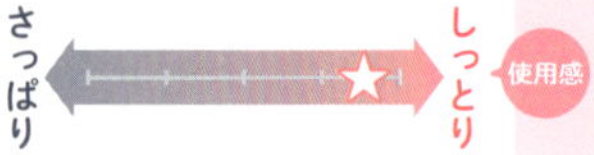

BG〔1,3-ブチレングリコール〕　敏

日本で最も汎用される保湿剤のひとつ。低刺激性で敏感肌用化粧品の主成分に多用されている。使用感はさっぱりで適度な保湿感があるがベタつかないのが特徴。合成のものが多いが植物由来のものも存在。菌が育ちにくい環境をつくる働きもあるため防腐効果も高い。

エタノール

ベタつきを抑えてさっぱり感を付与したり、水に溶けにくい成分などを溶解させたりする働きがあり広く使われる。気化熱により清涼感を与える反面、乾燥させるという欠点も。アルコール過敏症など刺激に感じる人もいるため敏感肌用には配合されないことも多い。

DPG〔ジプロピレングリコール〕

ややとろみがあるもののベタつかず、さらっとした使用感。PGやBGに比べて皮膚に適度な柔軟感を与える効果がある。一部で目や敏感肌への刺激の懸念が指摘されている。化粧品の伸びやすべりをよくするために使われ、防腐効果が高い。

プロパンジオール

PGやBGと同等以上の保湿効果を発揮する保湿剤。トウモロコシなどの糖を発酵させてつくられる100%植物由来のタイプが開発されてから使用例が増えている。ただし、安全性のデータが少なく刺激性など不明な点も多い。

〔基本的な働き〕
- 湿潤など水分を保持する作用によって肌にうるおいを与える（モイスチャー効果）
- 清涼感や温感を付与する

ソルビトール

化粧品だけでなく、食品用途で世界で最も多く使用される糖アルコール。リンゴの蜜はこのソルビトール。グリセリンと同等の高い保湿効果が期待できるが、ベタつきも大きい。水分を吸着することで保湿力を発揮し、化粧水や美容液などに使用される。

PCA-Na

1%

皮膚の角層に存在し､角層の水分を守っているNMF（天然保湿因子）（P117）の代表的なアミノ酸系保湿成分。少量で高い保湿効果を発揮することができる。「ピロリドンカルボン酸ナトリウム」の略。

ペンチレングリコール〔1,2-ペンタンジオール〕

適度な保湿効果とともに防腐効果を持ち、防腐剤無添加（パラベンフリー）化粧品に配合されることが多い。最近では植物由来のものも使用されている。

1,2-ヘキサンジオール

要注意成分

ペンチレングリコールよりもさらに防腐効果が高い成分。防腐剤フリーコスメなどに汎用されており、配合量が多いと皮膚への刺激も懸念される。

PG〔プロピレングリコール〕

要注意成分

海外製品に使用されていることが多いが、BGが開発される前までは古くから日本でも多用されていた。脂溶性が高く肌への浸透による刺激が懸念されたため、BGが広まるとともに昨今では配合が控えられている。

美容化学者×コスメレシピクリエイター

ここだけの話❷ 水性成分

P50・51で紹介した10種類の成分を知っておくと一般的な化粧品の使用感に直結する水性成分がわかるようになります。多くのメーカーで使われているもので最もメジャーなのは、グリセリンとBGの「2大水性ベース成分」。これにDPGや、最近では植物由来ということでプロパンジオールが続きます。

グリセリンはすごく優秀な成分で敏感肌の人にもおすすめですが、実は、ベタベタした使用感があまり好きじゃないんです。一番好きなのはBG。エタノール(アルコール)ほどでもないけど、さっぱり感がいいんですよね。

エタノールは2大成分と合わせてよく配合されている成分。ベタつきが気になる処方に少しでも入れるとベタつき感が抑えられ、スッとした使用感にすることができます。敬遠されがちですが、肌が弱い人、お酒が弱い人でも少量配合なら逆に心地よく使えますよ。

化粧品の成分表示を確認して後ろの方に書かれていれば濃度が薄いので大丈夫。ただし、アレルギーがある人は微量でも反応してしまうので避けた方がいいですね。DPGは僕も以前はブログで高い評価をしていましたが、ブログの読者さんから、上位配合の製品は目に入ると痛い、しみるという声がいくつか寄せられたので現在では注視しています。実際に水性基剤の安全性データ（水性ベース成分毒性・刺激性一覧P230）によると「目」への刺激性が確認されています。

DPGは、化粧品をつくる際、なめらかな保湿感を出したいときに使う私のお気に入りの成分のひとつ。刺激については原料のグレード（精製度など）や配合量によって変わる気がします。匂いもグレードによって異なりますが、原料そのものの匂いや使用感などを調整していくと結果としてあまり多く入れないことになります。先ほどのエタノール同様、何が入っているかだけでなく、どの程度入っているのかもとても重要。入っているからすべてダメというのではなく、表示順で配合量を捉えるというのは、ひとつのよい方法かもしれません。また、文献調査をしてみると、意外にもDPGよりBGの方が接触皮膚炎の報告が多いようです。このような報告があると「BGは危険」と思われる人もいるかもしれませんが、どのような成分においても皮膚トラブルが発生するリスクがあり、それは個人差によるもの。使用頻度が高くなればそのような報告が増えるということなので、冷静に情報を捉えることが必要です。

化粧品の「安全性」と「皮膚刺激」は実際には全く別もの。安全性が確認されていても肌あれが起こってしまうような化粧品もありますので、化粧品を変えるときは少量ずつ慎重に試してみてください。サンプルがあるものはサンプルを使用しましょう。

サンプルで試すことはとても大事なことです。成分をしっかり理解した上で自分の肌質や肌状態に合ったもの、魅力あるコンセプトのもの、使って心地いいと感じるものを選びましょう！人によって合う、合わないは全く違いますから。

お姉さんは乾燥肌なのに
エタノールが上位にきているので余計に乾燥するのだと思いますよ
水・エタノール・グリセリン
?
でもグリセリンはしっとりなんじゃ？
すぐ後ろに成分が続いても
最初に入っている成分の方が量が多いので
水・エタノール・グリセリン
その性質が一番感じられやすいんです
あくまで順番なのですべてがわかるわけではないことは注意しましょう
りょーかい!

② 油性成分

油性成分は化学構造によっていくつかの種類に分類され、それぞれの性質により化粧品への配合目的、用途が異なります。ここではその分類のうち、特徴的な油性成分である4種にフォーカスし、使用感やエモリエント効果（P60）のポイントとなる性状について詳しく解説します。

種　類	特徴と基本的な働き
炭化水素油	安定性が高く、肌の水分蒸発を抑える効果に優れている。化粧品に使用されるものは、分子量が大きいため角層へのなじみや浸透力は弱く、表面に留まり肌を保護する。クレンジングとして利用されると洗浄力の高いクレンジング剤になる。 例）ミネラルオイル、スクワラン、ワセリン、パラフィン
エステル油（合成油） ロウ類（ワックス）	炭化水素油と油脂の中間的な性質。安定性が高く肌の保護剤として優れたものも。非常に多くの種類がある。ロウは、エステル油を主成分とした天然成分。 合成油の例）パルミチン酸エチルヘキシル、トリエチルヘキサノイン、リンゴ酸ジイソステアリル ロウ類の例）ホホバ種子油、ミツロウ
油脂類	動植物から得られるオイル。人間の皮脂にも多く含まれるため肌との相性がよい。角層への浸透性が良好で、柔軟作用もあるため美容オイルの主成分に利用されている。ただし、分解されたり酸化しやすいものも多く、塗りすぎると肌あれの原因になる場合も。酸化や分解しにくい種類もある。 例）オリーブ果実油、アルガニアスピノサ核油、シア脂、馬油
シリコーンオイル	「ケイ素」を原料とした合成油。刺激がなく安定性に優れるためさまざまな化粧品に汎用。「～コン」「～シロキサン」がシリコーンの名称の目印。さまざまな種類があり同じ名前でも性状が異なる場合も。 例）ジメチコン、シクロペンタシロキサン

❷ 油性成分
（エモリエント成分）

油に溶けやすく水に溶けにくい成分。

液 液状　半 半固形状　固 固形状

成分名は化粧品表示名称、〔　　〕内は医薬部外品表示名称または通称など

炭化水素油

ミネラルオイル〔流動パラフィン〕　液

石油を精製して得られるオイル。別名「流動パラフィン」。粘性によっていくつかグレードがある。皮膚に吸収されにくく表面にとどまって水分の蒸散を防ぐ働きがある。低刺激で安全性に優れ、安価で大量生産しやすいため多くの化粧品、医薬部外品、医薬品に使用される。

軽め　重め　使用感
（グレードによって異なる）

スクワラン　液

人間の皮脂にも含まれるスクワレンに水素を添加し、酸化しにくく安定した状態にしたもの。サメの肝油やオリーブ、サトウキビ由来のタイプがある。さらっとしており、ベタつきが少ない。100％オイルをそのままスキンケア製品として使うこともある。

軽め　重め

ワセリン　半

ミネラルオイルと同じく石油を精製して得られるが、ミネラルオイルが液状なのに対し、半固形のペースト状。水分の蒸散を防ぐ効果が非常に高く、酸化しにくい。低刺激なので、乾燥肌の皮膚の保護によく使われる。

軽め　重め

パラフィン　固

ミネラルオイルと同じく石油を精製して得られるが、ミネラルオイルが液状なのに対し、固形のワックス状。口紅などスティック製品など固形状のアイテムに賦形剤（形づけ、保持する成分）として利用される。

軽め　重め

水添ポリイソブテン　液～半

合成によって得られる炭化水素。グレードによってスクワランと同じようなさらっとした使用感のものから、リップグロスなどに使用される非常に粘り気のあるオイルまである。ウォータープルーフ系のマスカラやポイントメイクリムーバーなどにもよく利用される。

軽め　重め
（グレードによって異なる）

〔基本的な働き〕
- 肌からの水分蒸散を抑え、肌をやわらかくする（エモリエント効果）
- メイクとなじみ、浮かせる
- 硬さを与える

※使用感は目安です　※性状は室温での性状をもとにしています

エステル油（合成油）、ロウ類（ワックス）

パルミチン酸エチルヘキシル

液

さらっとした使用感で油性感が少ない合成の液状オイル。コストパフォーマンスがよいため、クレンジングやスキンケア、メイクアップ製品などに広く使用されている。

トリエチルヘキサノイン

液

油脂と構造が似た合成の液状オイル。肌なじみがよく、安全性・安定性も高くスキンケアやメイクアップ製品などに広く使用されている。さまざまなオイルとの相溶性がよいので、クレンジングなどにも多く使われる。

リンゴ酸ジイソステアリル

液

主として石油由来の粘性のある液状オイル。粘性が高いわりにベタつきが少なく、メイクアップのバインダー（つなぎ）やリップグロスやリップスティックなどの粘着性、使用感調整に使用される。

ホホバ種子油

液

ホホバの種子から得られる液状のオイル。他の植物油と異なり、油脂ではなく（モノ）エステルが主成分であるため、液状ロウに分類される。このため、他の植物油と異なる性質を有し、使用感も独特のなめらかさがある。酸化安定性も良好。

ミツロウ

固

ミツバチの巣から得られるロウ。粘性があり乳化安定性を向上させる効果もある。融点が高く溶けにくいので、ヘアワックスやリップクリームなど、硬めのテクスチャーが必要なものによく使われる。バームなどの賦形剤にも使用される。

油脂類

オリーブ果実油

液

オリーブの果実から得られる液状油脂。構成する脂肪酸にオレイン酸が多い（約8割）のが特徴で、比較的酸化しにくくなじみがよい。精製したものはクリームや乳液に、コールドプレス（低温圧搾）等で得たものはそのままスキンケア製品として使われることもある。

アルガニアスピノサ核油

液

アルガン樹の種子から得られ、一般的に「アルガンオイル」と呼ばれる。オレイン酸、リノール酸が多いのが特徴で抗酸化成分（ビタミンEなど）も多く含む。オリーブよりもリッチ感があり、コールドプレス等で得たものはそのままスキンケア製品として使うことも。

マカデミア種子油

液

マカデミアの種子から得られる液状油脂。他の植物油にはあまり含まれない、人間の皮脂に含まれるパルミトオレイン酸を多く含み、肌なじみがよいのが特徴。

シア脂

半

シアの果実から得られる半固形状の油脂。常温では固形だが体温付近で溶けることから「シアバター」とも呼ばれる。植物油の中でも水分の蒸散を防ぐ効果が高いのが特徴であり、ハンドクリームをはじめさまざまなスキンケア製品に広く利用される。

ヤシ油

液～半

ココヤシの種子から得られる液状～半固形の油脂。ラウリン酸、ミリスチン酸といった飽和脂肪酸が多く、酸化安定性が高いが肌への浸透はややしにくい。

馬油

液～半

馬のたてがみ、尾、皮下脂肪より得られる液状～半固形状の油脂。オレイン酸、パルミチン酸が多いことに加え、人間の皮脂にも含まれるパルミトオレイン酸を含み、肌なじみがよく、水分の蒸散を防ぐ効果にも優れるのが特徴。

シリコーンオイル

ジメチコン

液

酸化安定性、撥水性や潤滑性に優れ、独特のやわらかい使用感を持つすべりのよいオイル。低粘度タイプから高粘度タイプまであり、スキンケアやメイクアップ製品、ヘアトリートメントなど広く使用されている。

軽め　重め
（グレードによって異なる）

シクロペンタシロキサン

液

揮発性シリコーンとも呼ばれ、さらっとした使用感を持つ。熱を奪うことなく徐々に揮発するためウォータープルーフ系の日焼け止めやメイクアップ製品などによく使用される。潤滑性にも優れ、トリートメントなどヘアケア製品に使うと髪の摩擦を低減する効果も。

軽め　重め

ちょっと特殊な油性成分

油性成分はエモリエント成分として使用される4種類の他、クリームの乳化安定剤や硬さ調整剤、石けんの原料などに利用されている2種類の特殊な油性成分があります。肌への作用としてはあまり重要ではありませんが、化粧品成分では非常によく出てくるので覚えておくと便利です。

種　類	成分名	説　明
高級アルコール	●セタノール ●セテアリルアルコール ●ステアリルアルコール ●ベヘニルアルコール 等	パームやナタネなどを由来とする。クリームや乳液の乳化を安定させたり、硬さを出す目的で使用される。使う成分や量によって硬さや使用感に違いが出る。
高級脂肪酸	●ラウリン酸 ●ミリスチン酸 ●パルミチン酸 ●ステアリン酸 ●オレイン酸　等	ヤシ油やパーム油などを由来とし、主に石けんの材料に配合される。 ステアリン酸はクリームの硬さ調整に使うことも。

シロクロ先生
COLUMN

化粧品づくりは料理と同じ!?
～油性成分と処方設計のコツ～

若い人に化粧品の処方指導をする際、化粧品の処方組みのコツを料理にたとえることがよくあります。私が名乗っている「コスメレシピクリエイター」もそれを意識しての呼称ですが、「体にいいもの」＝「肌にいいもの」を「美味しく食べる」＝「心地よくつける」というように、化粧品は単に肌をケアするだけのアイテムではありません。「心地よさ」をプラスすることで、癒されたり、テンションが上がったり、豊かな毎日が過ごせるアイテムだと思っています。

その観点でいうと、油性成分には「エモリエント効果（水分の蒸散を抑え、肌を柔軟にする）」の基本性能に加え、味でいう「コク」や「口あたり」、つまり肌への感触（肌あたり）を演出する役割があります。ひとくちに「コク」といっても、そのコクをどのタイミングでどのように感じることができるのか。肌につけた瞬間からなじむまで複雑に使用感が変化するように設計し、油性成分の種類と量を緻密に変えているのです。たとえていうなら香水。香水が、多くの香気成分を使って「トップノート」「ミドルノート」「ラストノート」を演出し、時間の経過とともに香りが変化するのと同様です。

「化粧品の成分を覚えたい！」という人にとって、一番悩ましいのはこの油性成分でしょう。なぜなら、種類が非常に多いですから。植物ごとに異なる油が採取される植物油を始めとして、「酸」と「アルコール」を「合体」させるエステル油などは組み合わせを変えれば多様な油性成分をつくることができます。

今回、油性成分のページ（P57）では、合成のエステル油を3つほどしかピックアップしていませんが、それはほんのひと握り。

サラサラのオイルから、べっとりしたオイル、ガチガチに硬いワックス、見た目は硬そうだけど体温ですっと溶けるワックス。さらに、独特のやわらかさとなめらかさを持つシリコーンオイルなどなど。どれを選択して、どれくらいの量を使うのか、その組み合わせはまさに「無限大」です。

だから「シロクロ先生のおすすめの油性成分（オイル）は何ですか？」と聞かれても、そのときに演出したい感触で使い分けているので「これっ！」とはなかなかいえないのです……。それでもあえて一例を挙げるとしたら、こんな感じでしょうか。あくまで一個人の意見、一例ということで。

- **乾燥肌がひどいとき**
  - ➡ ワセリン（植物由来がよいという人はシア脂）
- **オイルのベタベタがいや、なめらかなものがよい**
  - ➡ ジメチコン
- **ズルズルせず、するっとぴたっとおさまるものがよい**
  - ➡ ○○酸ジペンタエリスリチル
- **リッチ感のある液状オイル**
  - ➡ イソステアリン酸イソステアリル

③ 界面活性剤

本来、混ざり合うことのない水と油を仲立ちさせるのは界面活性剤の役割。イオン性（電気を帯びる性質）によって4つのタイプに分類されます。

殺菌力が強く柔軟効果を持つ

陽イオン界面活性剤
（カチオン界面活性剤）

高刺激性

特　　性：潤滑、柔軟、殺菌
主な用途：柔軟剤、トリートメント、殺菌剤、防腐剤など

洗浄力が強く泡立ちがいい

陰イオン界面活性剤
（アニオン界面活性剤）

低刺激性

特　　性：洗浄、起泡、乳化助剤（乳化を助ける）
主な用途：石けん、シャンプー、食器用洗剤、衣類洗剤など

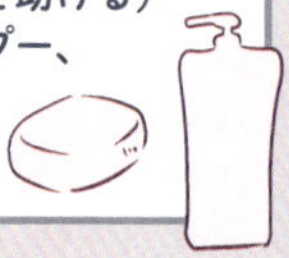

肌への刺激や毒性がほとんどない

非イオン界面活性剤
（ノニオン界面活性剤）

ほぼ無刺激性

特　　性：乳化、可溶化、洗浄、起泡
主な用途：化粧品、食品用乳化剤、洗浄助剤など

低刺激の洗浄補助成分

両性イオン界面活性剤

ほぼ無刺激性〜低刺激性

特　　性：pHにより洗浄、柔軟など変化
主な用途：ベビーソープ、化粧品、食品用乳化剤など

さらに、界面活性剤には「天然」と「合成」の2種類のものがあります。
自然界に存在する界面活性剤は不純物など害があるものを含むもの、不安定なものもあり、化粧品に使用されるものは人間がつくりだした合成界面活性剤や、加工・精製された天然界面活性剤であることがほとんど。

〔基本的な働き〕
●水と油を混ぜ合わせる（乳化・可溶化）●水の表面張力を弱める
●濡れやすく、しみ込みやすくする（浸透）●泡立てたり、消したりする（起泡・消泡）●落とす（洗浄）●すべりをよくする

水と油を仲立ちさせるしくみ

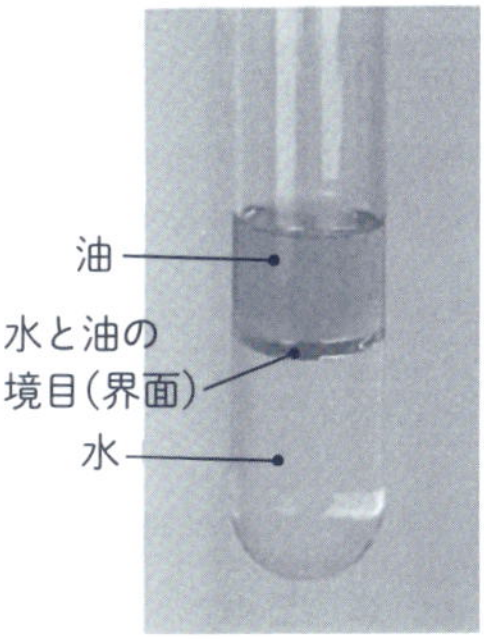

水と油は混ざり合うことができないため分離する

界面活性剤を加えて界面に働きかけると……

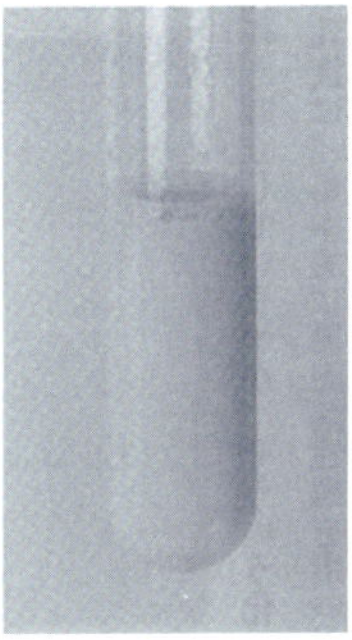

水と油が混ざり合って白くにごる。油の量が少ない場合は透明の場合も

界面活性剤の分子構造

水中では……
親水基を外側にして油にくっつく

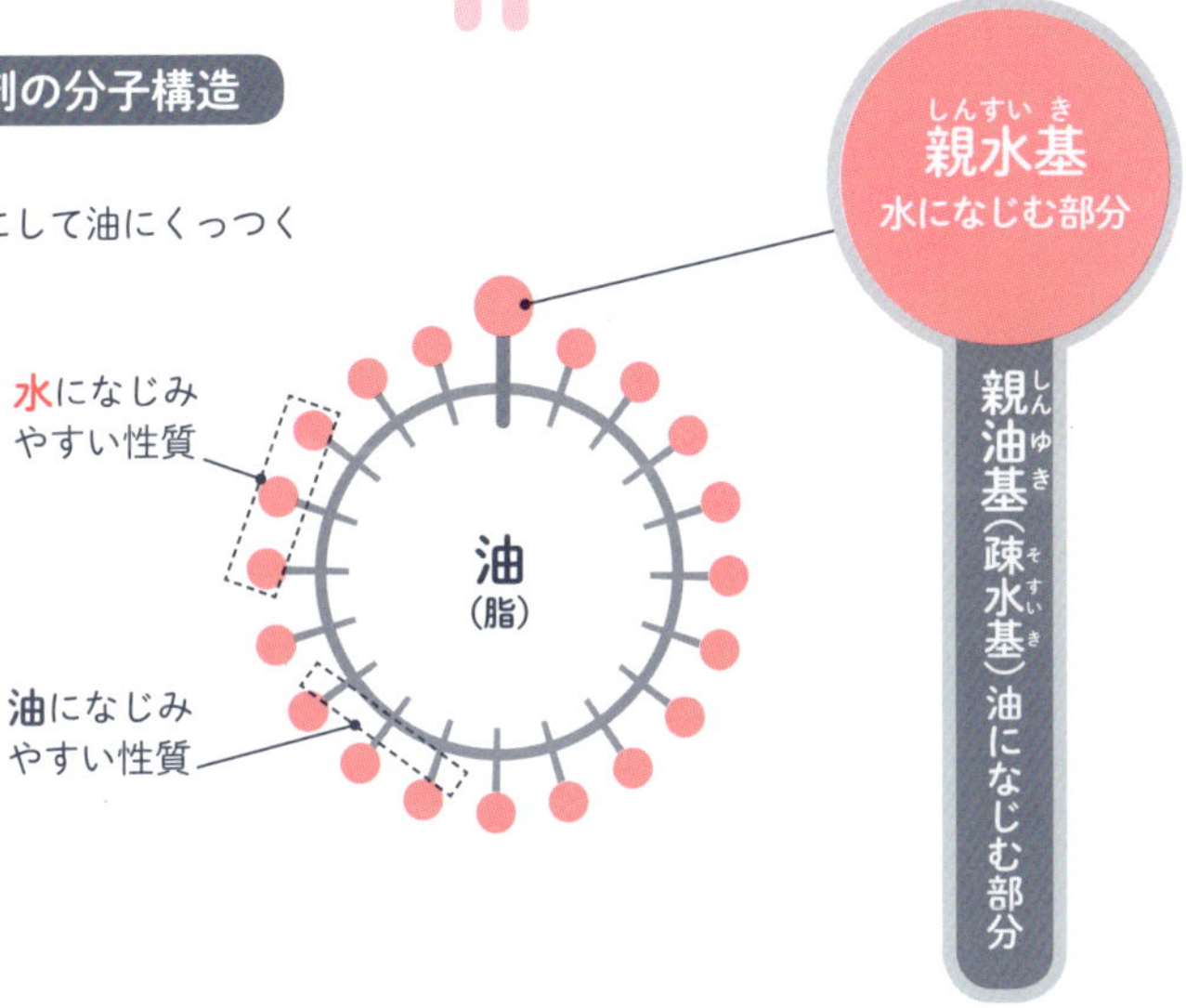

（主に「洗剤」として利用される）

陰イオン界面活性剤（アニオン界面活性剤）

泡立って引き離す

- シャンプーや石けん等の主成分
- 水に溶けるとマイナスの電気を帯びる
- 一般的に皮膚刺激性は弱いが、中には脱脂力が強いものも

石けん　石けん素地、カリ石けん素地など（→詳しくはP70）

洗浄力が高く使用感のよい洗剤。分解しやすく残留しにくいが、アルカリ性なので洗浄中に刺激になることも。弱酸性〜中性では洗浄力を失い、硬水中では泡立たず石けんかすを生じるなど問題点も多い。皮脂の洗浄力が高いため乾燥肌・アトピーなどには不向きな場合も。

ラウリル硫酸Na

要注意成分

洗浄力が高く使用感のよい洗剤だが敏感肌には刺激になりやすい。分子が小さく残留性も高いため、近年、日本メーカーではあまり利用されない。

ラウレス硫酸Na

ラウリル硫酸を改良し残留性などを低下させたもの。泡立ちがよく洗浄力は依然強いが刺激性はかなり改善されており、最近の市販洗浄料（シャンプー等）の主流。

オレフィン（C14-16）スルホン酸Na

硫酸系（サルフェート系）洗剤の代替成分として近年利用頻度が増えているが、洗浄力やマイルドさはラウレス硫酸系とそう変わらないというデータも。

スルホコハク酸ラウレス2Na

親水基がカルボン酸とスルホン酸の中間的洗剤。洗浄力は高めだが比較的低刺激。洗浄力重視の弱酸性洗剤に利用される。

ラウレス-4カルボン酸Na

石けんと似たような構造・性質を持ちつつも弱酸性で「酸性石けん」と呼ばれることもある。比較的高い洗浄力を持ちながら低刺激。ラウレスの後ろの数字は「3,4,5,6」のどれかが一般的。

ココイルメチルタウリンNa

タウリンを原材料にしてつくられた洗浄成分。従来の高級アルコール系洗浄剤と比較すると非常に低刺激の成分。

ラウロイルサルコシンNa

アミノ酸系洗剤で最も古くにつくられた洗剤。 洗浄力は比較的高く、扱いやすいが刺激がやや残る。シャンプーなどに利用される。

ラウロイルメチルアラニンNa

アミノ酸系界面活性剤の一種で、低刺激な洗浄成分である。弱酸性で安定。低刺激シャンプー剤などに適している。

ココイルグルタミン酸Na　ラウロイルグルタミン酸Na

低刺激性で弱めの洗浄力。ラウロイルメチルアラニンNaと並んで 低刺激シャンプー剤などに配合されている。

ココイルグリシンK

中性～弱アルカリ性のアミノ酸系洗浄剤。洗顔フォーム等に用いられ、優しい石けんのような使用感の成分。ごくまれに弱酸性の洗顔料等に配合されるが、この場合洗浄力は大幅に減少することも。

かずのすけ的 各洗浄成分の洗浄力イメージ

洗浄力はそれぞれの成分ごとに違いがあります。肌の状態や皮脂量などに合わせて自分に合ったものを選びましょう。

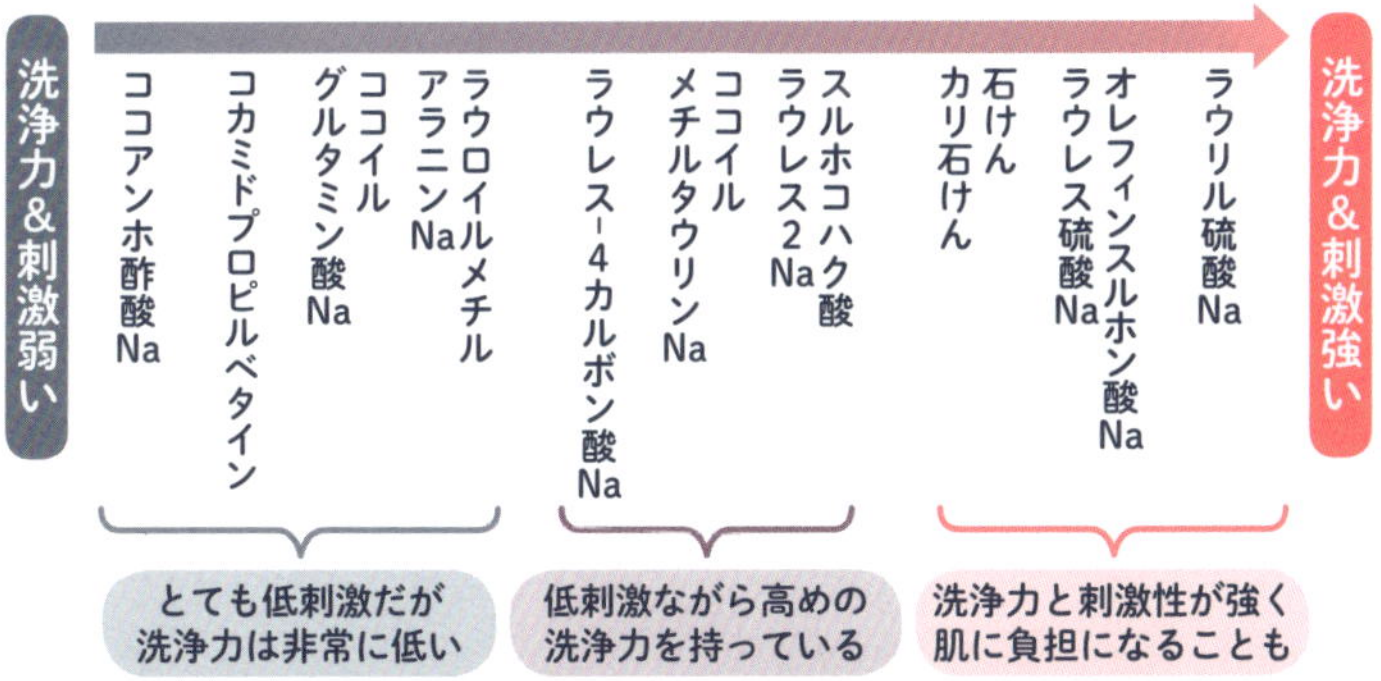

（主に「ヘアトリートメント」「柔軟剤」として利用される）

陽イオン界面活性剤（カチオン界面活性剤）

- 柔軟剤、リンスやトリートメントの主成分
- 水に溶けるとプラスの電気を帯びる
- 皮膚刺激性を持つ成分がある
- 防腐剤や殺菌剤として利用される例もある

セトリモニウムクロリド

ステアルトリモニウムクロリド

ベヘントリモニウムクロリド

「第四級アンモニウム塩」と呼ばれる成分。柔軟力が高く使用感がよいが、皮膚刺激はやや強め。市販されるトリートメントやリンス、コンディショナーに汎用される。

塩化ベンザルコニウム〔ベンザルコニウムクロリド〕 要注意成分

塩化セチルピリジニウム〔セチルピリジニウムクロリド〕

「第四級アンモニウム塩」の中で特に毒性や刺激の強い成分。柔軟剤成分としては利用されず、低濃度で配合して防腐剤や殺菌剤として使用されている。

ステアラミドプロピルジメチルアミン

ベヘナミドプロピルジメチルアミン

「第三級アミン塩」と呼ばれる成分。柔軟作用などは控えめで吸着力も低いが、比較的皮膚刺激が弱く低刺激なトリートメントや柔軟剤などに使用される。敏感肌向け。

ココイルアルギニンエチルPCA

アミノ酸系の陽イオン界面活性剤で、「第三級アミン塩」同様に低刺激の成分。原価が高くあまり使われていなかったが近年利用例が増加。

クオタニウム-○

○には数字が入り、たくさんの種類がある。特殊な構造の「第四級アンモニウム塩」などで、殺菌剤やヘアケアにおいて洗い流し後の質感を改善＆耐電防止したり、トリートメントの柔軟効果を高めたりする。

マイルドな「洗剤」もしくは「柔軟剤」として利用される 両性イオン界面活性剤

- ベビーシャンプーなどの主成分
- 陰イオン＆陽イオンの両方の性質を持つが電気的には中和しあい安定
- 皮膚刺激性はかなり低い
- 酸性で柔軟剤、アルカリ性で洗剤になる
- 洗剤の洗浄力を穏やかにしたり、肌への刺激を緩和する効果もある

コカミドプロピルベタイン

ラウラミドプロピルベタイン

ココアンホ酢酸Na

ラウロアンホプロピオン酸Na

低刺激な洗浄成分として利用される成分～ベタイン系よりアンホ系の方が肌に優しいというデータがある。シャンプーなどで陰イオン界面活性剤と一緒に配合すると洗浄力や刺激性をマイルドにする作用もある。泡立ちや粘膜を調節する作用も。

ラウロイルヒドロキシスルタイン

「スルタイン」は「スルホベタイン」の略で、スルホン酸の構造を持つためベタイン系やアンホ系より洗浄力がしっかりしている。シャンプーなどに配合される。

アルキル（C12,14）オキシヒドロキシプロピルアルギニンHCl

陽イオン界面活性剤の代用として使われる両性イオン界面活性剤。柔軟力はとても穏やかで、肌にも優しい。

レシチン

大豆や卵黄から抽出された成分。洗浄剤としてはほとんど用いられず、乳化剤として利用される。マヨネーズをつくるときに酢(水）と油がきれいに混ざるのは卵の黄身に含まれるレシチンの働き。

水添レシチン

上記のレシチンの酸化安定性を高めたレシチン。「水添」とは「水素添加」の意味で酸化しやすい部分（不飽和部分）を安定にした形（飽和）にすること。

非イオン界面活性剤（ノニオン界面活性剤）

（主に「洗浄助剤」や「化粧品用乳化剤」として利用される）

- 水中で電気を帯びない
- 毒性や皮膚刺激がほぼゼロである
- 非常に安全性が高いため、スキンケア化粧品からメイクアップ化粧品まで広く使われる
- 食品添加物として認められているものもある

アルキルグルコシド　デシルグルコシド

非イオン系の洗浄剤として使われる成分。糖類を主原料につくられており、オーガニックシャンプーなどの主成分として汎用されている。低刺激だが脱脂力は高め。

ラウラミドDEA　コカミドMEA

シャンプーや洗顔料の泡立ちをよくするために配合される成分。「DEA」が「TEA」や「MEA」に変わる成分もあるが用途はほぼ変わらない。安全性が高い成分。

トリイソステアリン酸PEG-○グリセリル
テトラオレイン酸ソルベス-○

クレンジング剤の洗い流し用界面活性剤としてよく用いられる。非常に低刺激。

PEG-○水添ヒマシ油
ステアリン酸グリセリル
イソステアリン酸ソルビタン
ステアリン酸グリセリル（SE）
ラウリン酸ポリグリセリル-○
ラウレス-○　ポリソルベート-○

化粧品用の乳化剤や可溶化剤として使用されている成分。高分子のものが多く肌の奥に浸透したりバリアを壊したりしにくい（ステアリン酸グリセリルのSEタイプは石けん成分が微量に混合されたもの）。

※非イオン界面活性剤はこれ以外にも非常に多くの種類がある。○には数字が入り、数字が異なると働きや効果が変わる（大きいほど親水性が高くなる）。

かずのすけ的

界面活性剤の刺激と「イオン」の関係

陰イオン系&陽イオン系、両性イオン系&非イオン系で皮膚刺激の差があるのは、電気を帯びやすい（イオン性を持つ）かどうかが関係しているといわれています。電気を帯びる界面活性剤ほど皮膚刺激は強い傾向にあります。また、動物の細胞内はマイナスの電気を帯びた生体膜で構成されているため、プラスの電気を持つ陽イオン界面活性剤は生体にとってより刺激や毒になりやすいと考えられています。

シロクロ先生 COLUMN

界面活性剤は肌に悪いもの？

「界面活性剤が肌に悪い」と主張している内容をよく見ると、特に刺激性が高い「塩化ベンザルコニウム（P66）」や、脱脂力が非常に高い「ラウリル硫酸Na（P64）」のことを指し、これらを「界面活性剤」として一括りにして悪者にしているケースがほとんど。ここまで説明したように、ひとくちに界面活性剤といっても、その種類や性質、肌への負担はさまざまなのです。

　例えば、刺激性が強いとされる陽イオン（カチオン）界面活性剤の中でも、前述した「塩化ベンザルコニウム」は殺菌剤にも使用される成分で、配合量によっては注意が必要。一方で「ステアルトリモニウムクロリド（P66）」は、ヘアトリートメントなどに広く使用される安全な成分です。吸着して残りやすいという性質がトリートメント効果に役立つのですが、地肌についてしまったとき、人によっては違和感や刺激を感じてしまうことも。この特性を理解した上で頭皮や体に触れないように気をつけて正しく使えば、効果と安全性を両立することができるのです。

　また、やみくもにカチオンを避け、効果が弱い成分のものをたくさん使う方が、むしろ肌に負担をかけてしまうこともあります。本当に気をつけなければいけない成分は、国が配合量の規制（ポジティブリスト、ネガティブリスト→P213）をしていますから、あまり神経質にならなくて大丈夫。界面活性剤それぞれの成分の性質を理解した上で、賢く化粧品を使ってほしいと思います。

石けんは最も身近な界面活性剤

一般的に”環境に優しい”イメージの石けんは天然物質ではなく「油脂」に「強アルカリ剤」を化合してつくられた化学合成物質です。アルカリの種類によって大きく2つに分けられます。

ソーダ石けん（ナトリウム石けん）

脂肪酸や油脂と水酸化ナトリウム（苛性ソーダ）からつくられたもので固形石けんや粉石けんになる。

カリ石けん（カリウム石けん）

脂肪酸や油脂と水酸化カリウム（苛性カリ）からつくられたもので水に溶けやすいので液体やペーストの石けんによく用いられる。

石けんというと固形のものをイメージしがちですが、さまざまな形状のものがあり、石けんだと知らずに使っている場合もあるので注意が必要です。

成分表示には4種類のパターンがあり、詳しい構成が不明な表示も。

石けん

① そのまま記載

- 石けん素地　（固形）
- カリ石けん素地（主に液体）
- カリ含有石けん素地（固形が多い）

② 反応した後の成分名で記載

（主に固形）	（主に液体）
●ラウリン酸Na	●ラウリン酸K
●ミリスチン酸Na	●ミリスチン酸K
●ステアリン酸Na	●ステアリン酸K
●パルミチン酸Na	●パルミチン酸K
●オレイン酸Na	●オレイン酸K

③ 脂肪酸とアルカリ剤に分けて記載

「脂肪酸＋アルカリ剤」
- ラウリン酸、ミリスチン酸、ステアリン酸、水酸化Na……
- オレイン酸、ミリスチン酸、ステアリン酸、水酸化K……

④ 油脂とアルカリ剤に分けて記載

「油脂＋アルカリ剤」
- ヤシ油、水酸化Na
- パーム油、水酸化K
- オリーブ果実油、水酸化K
- 馬油、水酸化K

昔ながらのシンプルな石けんは①の表示パターンが多く、石けんだとすぐにわかりますが詳しい成分構成はわかりません。④のパターンはほとんどなく、①に追記して注釈的に書かれる場合がほとんど。洗顔料やボディソープなどは③の表示パターンが多く、**成分表の上位に「○○酸」と「水酸化Na」「水酸化K」があれば、ほぼ石けんといえます。**

教えて！
洗浄成分どう選ぶ？

石けんが化学物質だなんてちょっとショック。肌に優しいと思ってたけど、そうじゃないのね。

何をどう選んだらいいの？

石けんの洗浄力はかなり高く、アトピーや敏感肌、乾燥肌など肌が弱い人には合わない場合がありますが、使っていて大丈夫な人はそのまま使用して問題ないですよ。

よかった！　じゃあ、今までのものを使っていてもいいのね。

私も大丈夫だけど肌に優しいものがいいから、洗浄力が弱いタイプに変えようかな。

うーん……とにかく肌に優しいものを使えばいいというわけではないんです。洗浄力が弱くて優しいということは単純に洗浄能力も落ちるということ。皮脂が多い人などでは十分に洗えず、トラブルにつながってしまうという例もありますから。

洗顔料やボディソープ、シャンプーなどの洗浄成分は肌の状態や体質に合わせて選ぶ必要があります。洗浄後に肌がつっぱったり、乾燥したりするような場合は肌に合っていないサイン。その場合は迷わず違うタイプのものを試してみた方がいいですね。

洗浄後に肌がつっぱる、乾燥する理由に「洗いすぎ」というのもあります。逆に、時間が少し経つと皮脂臭がする、ニキビが突発的に増える、明らかに肌がくすむ、などは洗浄不足のサイン。アトピーや敏感肌、乾燥肌の人は洗いすぎの傾向にあるのでカルボン酸系がおすすめ。アミノ酸系が十分あり、さっぱり洗いたい人や肌が強めの人などは石けんが使いやすいと思います。

ただし、カルボン酸系でも弱アルカリ性のタイプもあります。商品に「アミノ酸系洗浄剤配合！」と書かれていてもベース成分が石けんの場合もあるので注意が必要。成分表の最初に書かれているものを確認しましょう。

カルボン酸系、アミノ酸系洗浄成分の見分け方

カルボン酸系 しっかりめの洗浄力で洗い上がりはすっきり	● ラウレス-（数字※）カルボン酸Na ● ラウレス-（数字）酢酸Na ※3、4、5、6などの数字が入ります
アミノ酸系 穏やかな洗浄力で洗い上がりはしっとり	「ラウロイル」or「ココイル」 ＋ ● メチルアラニン Na ● グルタミン酸 Na ● アスパラギン酸 Na などのいずれかが入るもの

シロクロ先生
COLUMN

各成分の欠点をカバーし、よいところをアップする「処方（レシピ）の妙」

　化粧品の成分を見るときに気をつけてほしいこと、それは、ひとつの成分だけを見て判断しないこと。例えば石けんベースの洗顔料の場合、もし洗浄力だけを優先してつくれば、pH（Ｐ２１０）が高く脱脂力も強力なものになってしまいます。さっぱりとした洗い心地、豊かな泡立ちは残しながら肌負担を減らしたい——。だからこそ処方を組む立場の私たちは、他の界面活性剤や保湿剤などを駆使して処方をつくりあげるのです。

　また「界面活性剤の種類が多いとマイナス面も多い」というのは誤った情報です。むしろ多種類の界面活性剤を使う「処方の妙」により界面活性剤の総配合量を減らし、結果的に肌への負担を軽くすることができるのです。化粧品を選ぶ際には、あまり成分にとらわれすぎないことがおすすめです。

　それなら、成分なんて学んでも仕方ないの？と、思う人がいるかもしれませんがそんなことはありません。成分に対する知識があれば、実際に商品を使ったとき「自分に合う、合わない」のはなぜなのか、それがどのような成分で成り立っているのかを確認することができます。販売する立場の人であれば、本当にお客様の肌に合った化粧品を目利きしてあげることもできます。

　これが、ステキな化粧品との出会いの第一歩といえるでしょう。

ベース成分がこんなに重要だったなんてね？
でもさ
ブランドによって値段が全然違うのに成分は同じなの？
確かに
何が違うのかしら？
値段は1%以下の美容成分で大きく変わります
1%以下でもセラミドのようなものすごく高い成分を入れれば
コストはとても高くなります
値段は中身だけで決まるものではないんです！
開発費や人件費 パッケージとかね！
そういうことかー

成分が大事なのはわかったけど……
「結局何を使ったらいいの？」ってことなんだよね
そうそう このシミ！
この毛穴本当にどうにかしたい
ちょっと ちょっと
2人とも落ち着いて
まず、なぜその肌悩みが起きるのか肌のしくみの根本的なところを知っておかないと
肌は紫外線をブロックしたり異物の侵入を防いだり乾燥から守ってくれたり……
いろいろな役割があるんです
肌は一番外側で頑張っていて異物や刺激を感じたらとにかく取り除こうとする
その刺激で細胞もダメージを受けるから
外に出すためにどうしたらいいのか
細胞？ ターンオーバー？
そうすると ターンオーバーが通常より早くなって
…
百聞は一見にしかず
肌のしくみを見てみよう！

Part 4
肌のしくみ

美肌を目指すためには、肌がどのようにできていて、どんな役割をしているのかを正しく理解することが大切です。肌のしくみを知っておくと、化粧品がどの部分にどのように働きかけるのかがわかってきます。美肌づくりの第一歩は、まず、肌のしくみを知ること。そうすれば今の自分の肌に必要なケアがわかるようになります。

＼ 美肌への第一歩 ／

まずは、肌のしくみを知ろう！

私たちの体の表面を覆っている皮膚は、外部からのさまざまな刺激や衝撃から体を守り、正常に保つ働きをしています。皮膚は大きく分けて【表皮】【真皮】【皮下組織】の3層構造になっていてそれぞれに特別な機能があります。特に表皮と真皮は美肌を支える重要な役割を担っています。

毛包

毛を包んでいる袋状の組織

皮溝（ひこう）

皮膚表面にある多数の細かい溝。溝に囲まれて丘のように高くなっている部分が皮丘（ひきゅう）。皮溝が交差しているところに毛穴がある。肌のキメはこの皮溝と皮丘の状態で決まる。

皮脂腺

毛包にあり、皮脂はここでつくられ、肌の表面に排出される。さらに汗腺から分泌される汗と自然に混ざり合い、天然の保湿クリームと呼ばれる皮脂膜がつくられる。

毛細血管

皮下組織にある動脈や静脈から細かい血管が網目のように分かれて、真皮のすみずみまで栄養や酸素が届けられている。

神経

皮膚における触覚や冷温覚、痛覚などを感知して伝える。

動脈

静脈

汗腺（アポクリン腺）

毛包につながっており、わきや性器周辺など特定の部位に分布。ここから分泌される汗は水の他にタンパク質や脂質など、独特の匂いのもとになりやすい成分を多く含んでいる。

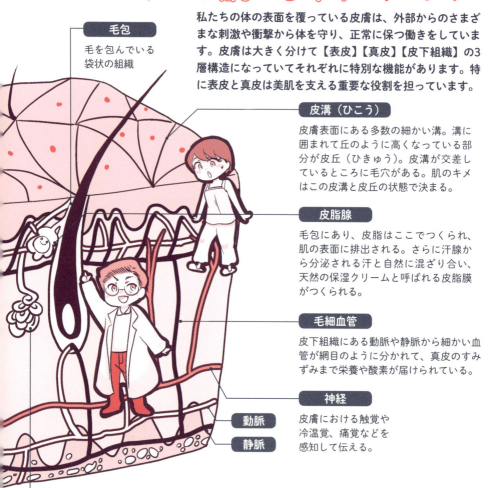

皮膚の構造

皮膚は表皮と真皮合わせてたったの約２mm！ ティッシュ１枚分の厚さと同じ。表皮の一番外側にある角層はラップフィルムほどの厚さ（約0.02mm）しかなく、とってもデリケート。ゴシゴシこするのは禁物です。

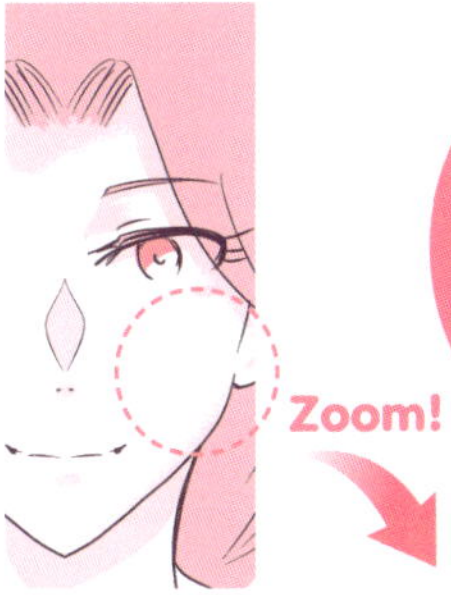

約2㎜

表皮 約0.2㎜

皮膚の一番外側で外部からのダメージや異物の侵入を防ぎ、肌内部の水分を保持する働きもある。厚さの異なる4層に分かれている。

真皮 約1.8㎜

表皮の下にあり、肌の弾力やハリに深く関与している。血管や神経、皮脂腺や汗腺など重要な器官が集まっているのも特徴。

皮下組織

皮下脂肪が大部分を占め、エネルギー源となる脂肪を蓄えたり、体温の保護、クッションの役割を持つ。

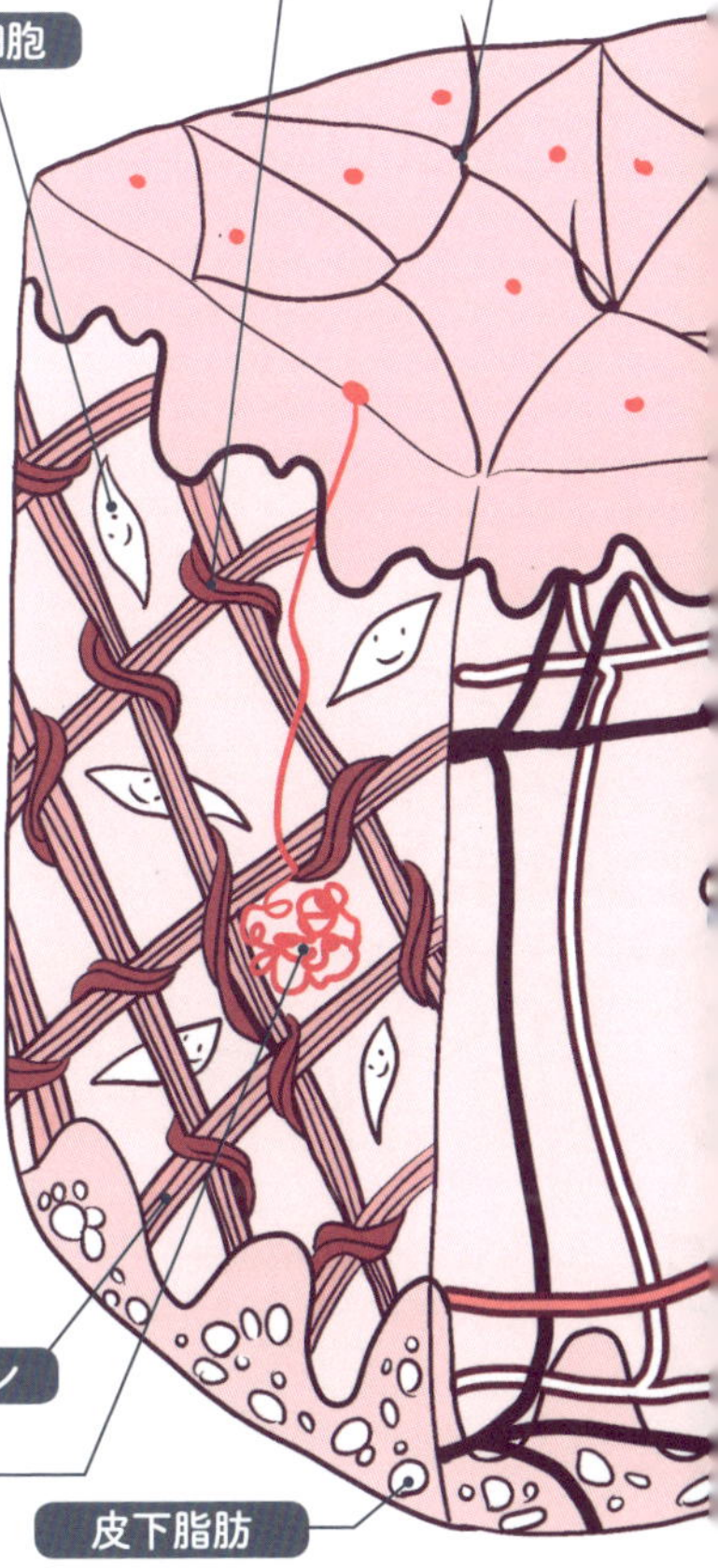

汗腺（エクリン腺）

ほぼ全身に分布して体温調節を担う。ここから分泌される汗は約99 ％が水分で残りは塩分やアミノ酸、尿酸などの老廃物。暑いときや運動したときなどにかくサラサラとした汗を分泌。

皮下脂肪

最近の研究で真皮の状態に関与することがわかっている。

表皮と真皮のしくみ

美肌を支える表皮と真皮、それぞれの役割を見ていきましょう。
肌の内部では細胞たちが日々生まれ変わりを続けています。

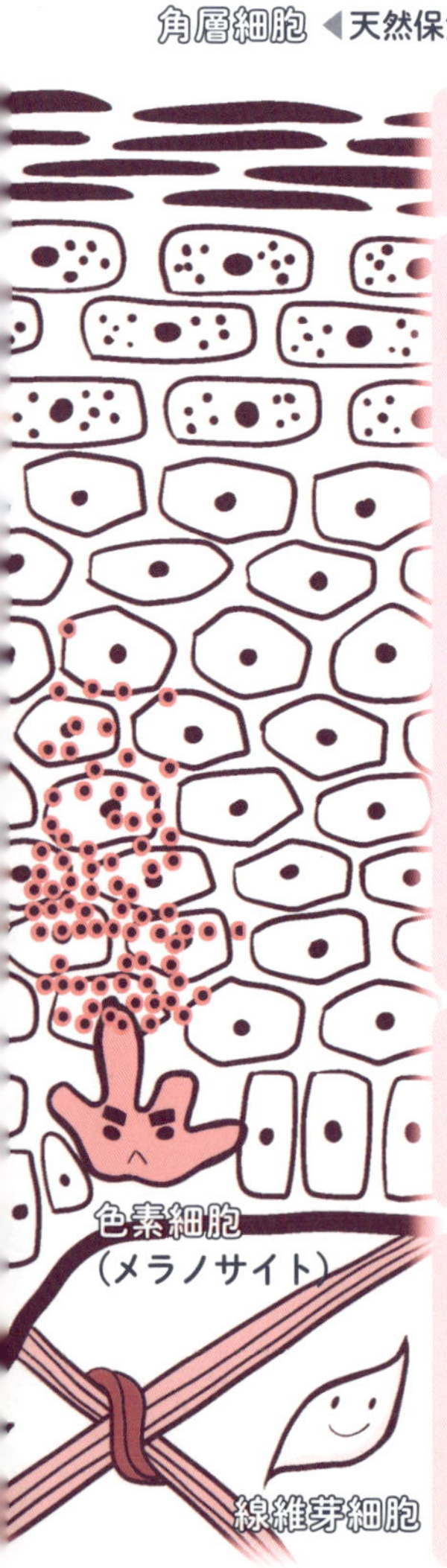
角層細胞 ◀天然保湿因子（NMF）を含んでいる

角層
角層細胞がレンガ状に積み重なっている。外部からの刺激をブロックし、水分蒸発を防ぐ。

顆粒層
ターンオーバー（P82、88）によって角層に変化する。

有棘《ゆうきょく》層
基底層での細胞分裂によって生まれた有棘細胞の層。
免疫に深く関与するランゲルハンス細胞はここにある。

基底層
表皮の大部分を占める角化細胞を生み出すところ。メラニンをつくりだすメラノサイトもここにある。基底膜を通して真皮にある血管から栄養や酸素を受け取っている。

真皮

表皮
表皮は厚さの異なる４層に分かれている。

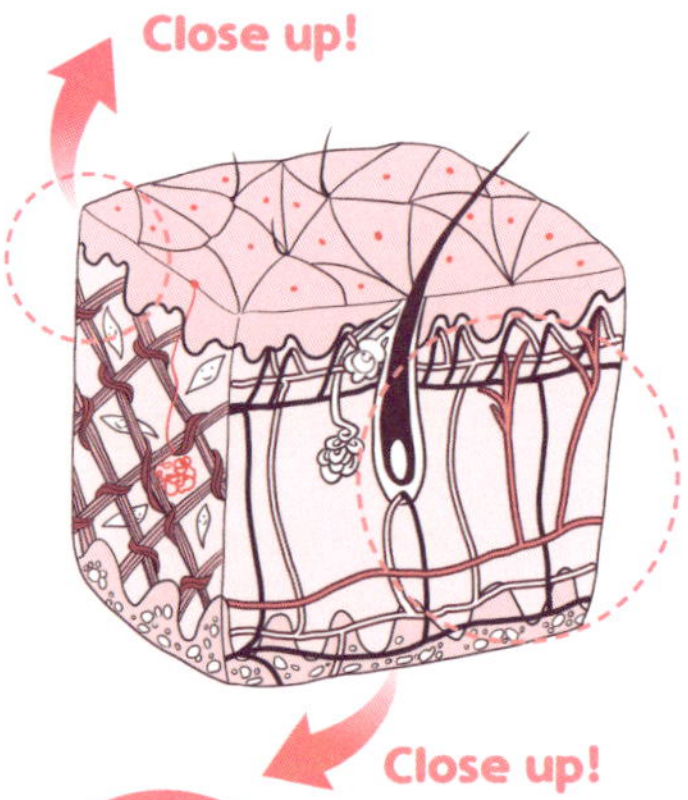

真皮
線維芽細胞があり、肌の弾力やハリを保つ線維質をつくっている。

肌を守る2つのバリア機能

第1のバリア

角層

角層は外部からの異物や刺激から肌を守り、水分蒸発を防いでいる。

第2のバリア

タイトジャンクション（TJ）

顆粒層に存在するバリア。角層のpH（P210）を弱酸性に保ち、細胞間脂質やNMFの合成や代謝を正常に保つ効果もあるといわれている。

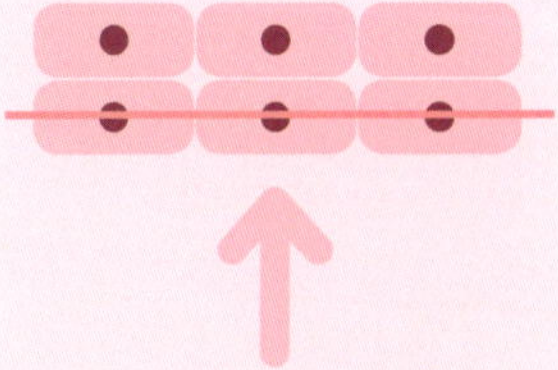

正常な皮膚ではタイトジャンクションによって細胞同士がしっかりくっついて水分などが逃げていかない。

美肌を支える細胞たち

皮膚の内部で特に重要な役割を果たしているのが5つの美肌細胞たち。それぞれがどんな働きをしているのか、一つひとつ見てみましょう！

2

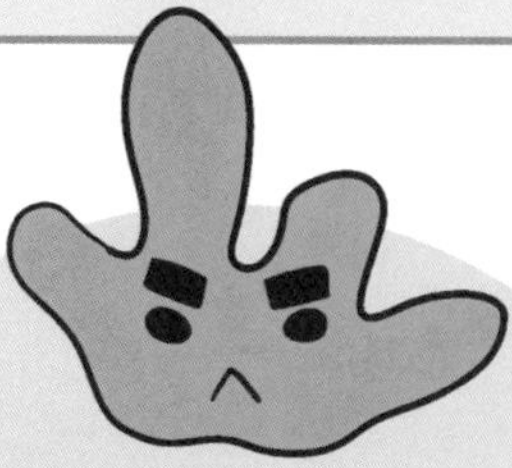

色素細胞（メラノサイト）

生息地

- 表皮（基底層）

特徴

- 紫外線から肌を守る日傘（メラニン）をつくるスペシャリスト

1

角化細胞（ケラチノサイト）

生息地

- 表皮（基底層～角層）

特徴

- 基底層で細胞分裂し、形を変えながら約28日でその一生を終える健気なやつ

3 ランゲルハンス細胞

生息地

- 表皮（有棘層）

特徴

- 不審者がいないかを常にパトロールしている頼もしい見張り役。外敵を見つけると警報を鳴らして戦いに備える

4 線維芽細胞

生息地

- 真皮

特徴

- コラーゲン、エラスチン、ヒアルロン酸など、美肌の源をせっせとつくることで、肌のハリや弾力をキープ！

5 脂腺細胞

生息地

- 毛包内の皮脂腺

特徴

- 油を溜め込んで成長し、弾けることで皮脂になる

美肌細胞の働き

1

まずはケラチノサイト。表皮の一番下の基底層で生まれたケラチノサイトは日々形を変えながら上に押し上げられ、やがて死んで角層となって肌を守り、最終的には垢《あか》となってはがれ落ちます。このケラチノサイトの一生が水分量やキメなどといった美肌のカギ！

角化細胞
（ケラチノサイト）

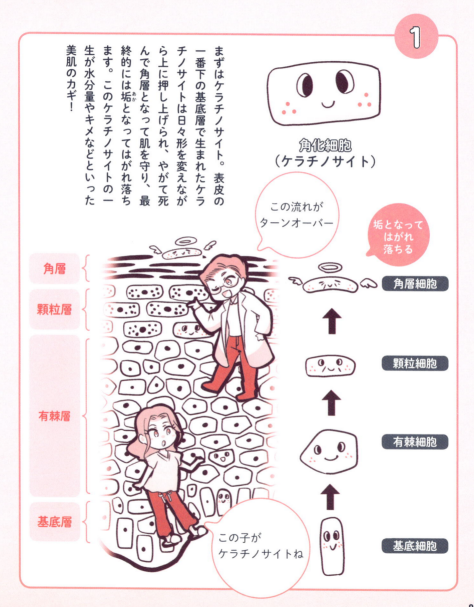

2

色素細胞
（メラノサイト）

ケラチノサイトがターンオーバーをする際に重要な役割をするのがメラノサイト。皮膚はもちろんDNAが持っている遺伝子情報などを紫外線から守るため、「日傘」の役割をするメラニンを毎日せっせとつくり、ケラチノサイトに渡します。ケラチノサイトはこの日傘をさしながら、ターンオーバーの流れに乗り、通常約28日間で肌の外へ排出されます。

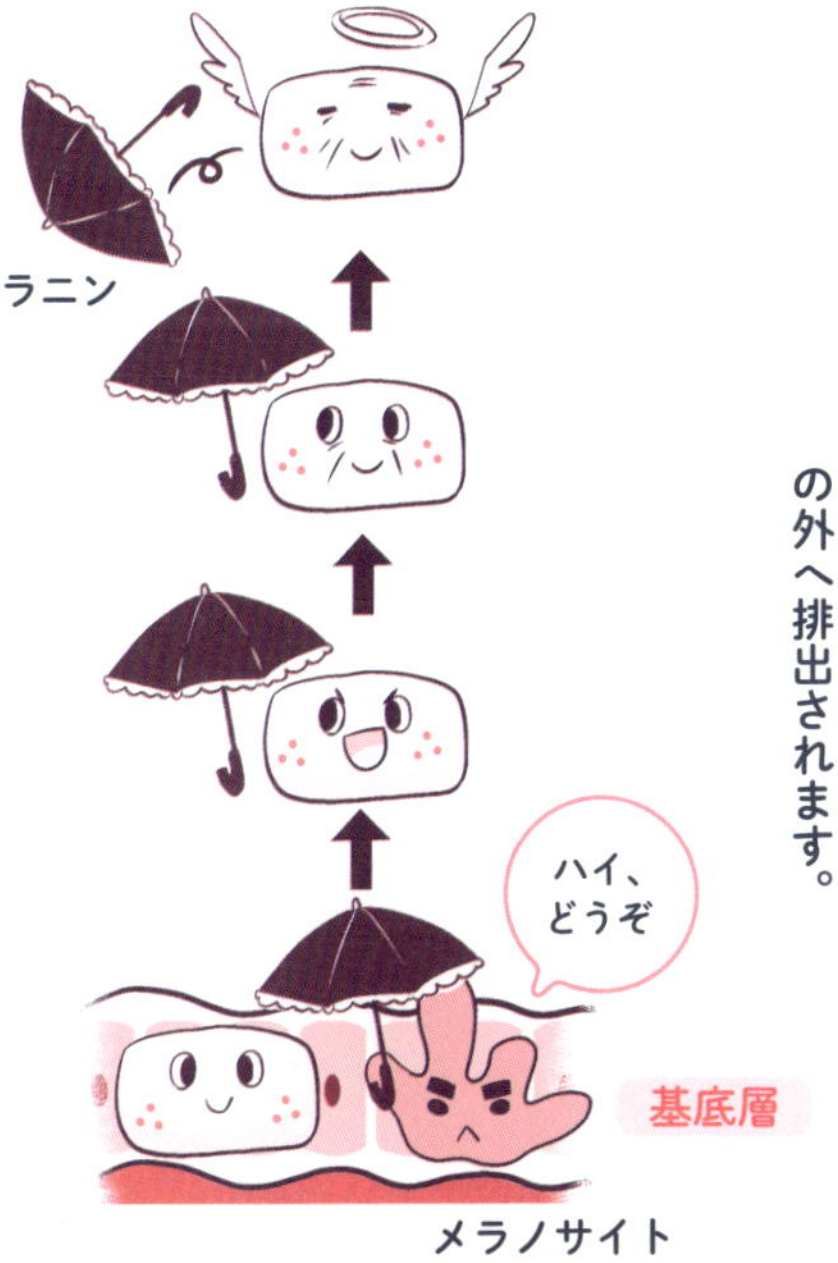

さらに詳しく!

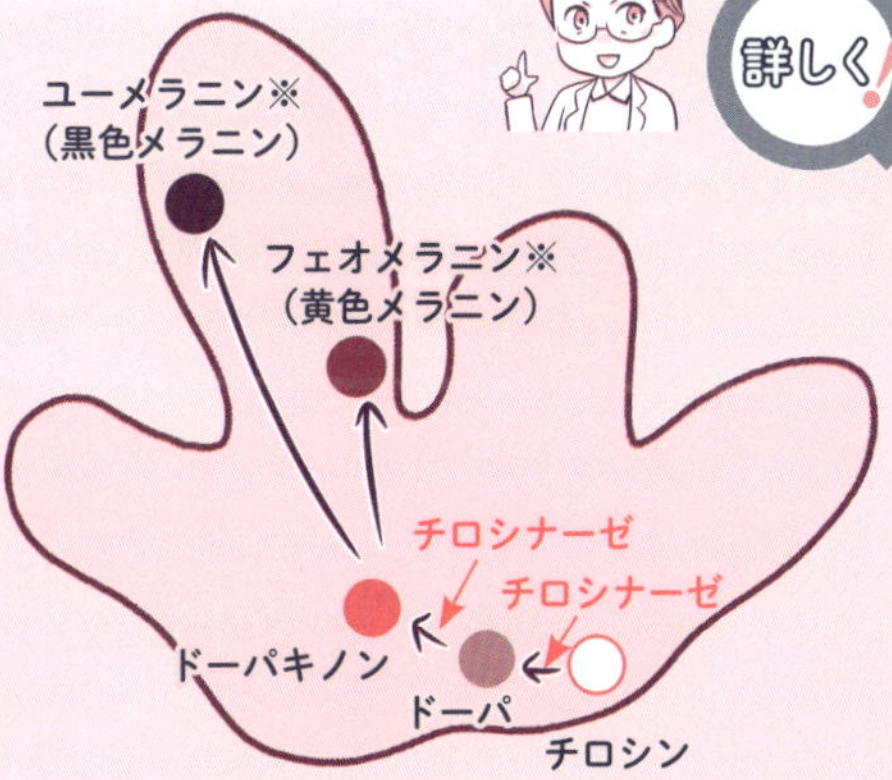

メラニンはメラノサイトの中にある「チロシン」というアミノ酸の1種を材料としてつくられています。このチロシンをメラニンにつくり替えるための酵素が「チロシナーゼ」。チロシナーゼによってチロシンが酸化され、ドーパ、ドーパキノンへと変化し、さらに反応を重ねることでメラニンになります。つまり、チロシナーゼなくして、メラニンはつくられないのです。

このため、さまざまな美白成分はこのチロシナーゼをターゲットにしたものが多いのです。

※メラニンは2種あり、それらが複合して成り立っています。
この比率で皮膚や毛髪の色の差が出るとされます。

3

ランゲルハンス細胞

ランゲルハンス細胞は表皮を自由に移動しながら異物の侵入を防ぐ免疫細胞で、２つの機能があります。

ランゲルハンス細胞の主な働き

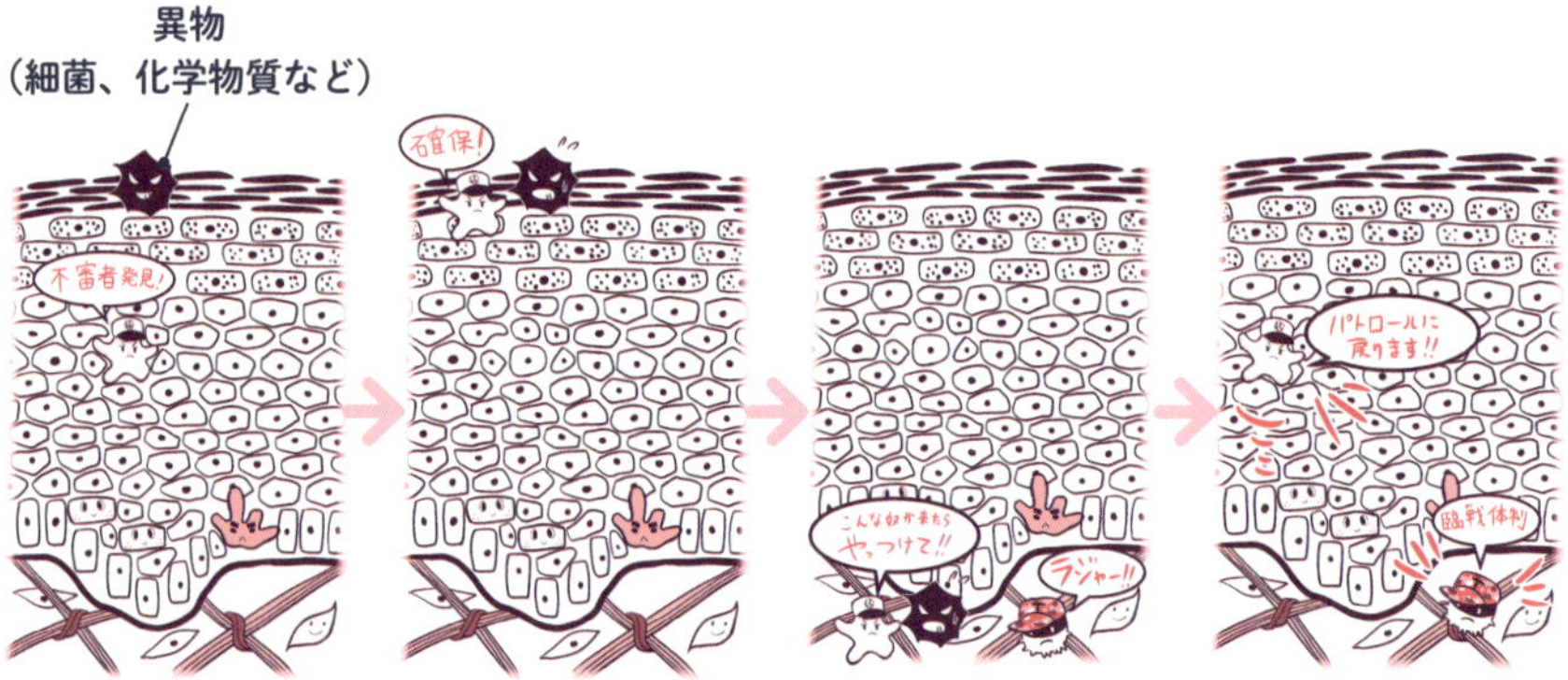

肌に異物（細菌や化学物質など）が侵入すると素早く察知。

その異物をランゲルハンス細胞が抱きかかえるように確保。

異物を抱えながら真皮まで移動しT細胞※に異物を報告。

T細胞は臨戦態勢に入り、異物を攻撃し、体内への侵入を阻止。ランゲルハンス細胞は表皮に戻ってパトロールを続けます。

他にもランゲルハンス細胞は紫外線や乾燥などといった環境因子による刺激を緩和する働きがあるといわれています。ただ、ランゲルハンス細胞はメラニンを持つことができず、紫外線は大の苦手。過剰な紫外線により数が減ってしまい、免疫力の低下を招くことにつながります。さらに老化によってもランゲルハンス細胞の働きが低下するともいわれています。

※T細胞とは……異物などを最前線で攻撃する（免疫の）主力部隊。

4

真皮にいるのは線維芽細胞。線維芽細胞が生み出すもののひとつに「ヒアルロン酸」があります。ヒアルロン酸はウォーターベッドのようなイメージですが、それだけだと沈んでしまうため、スプリングの役割をする「コラーゲン」、さらにコラーゲンを束ねる「エラスチン」もつくり、自分で居心地のよい環境をつくりだしています。この環境が肌のハリやシワなどに関係してきます。

線維芽細胞

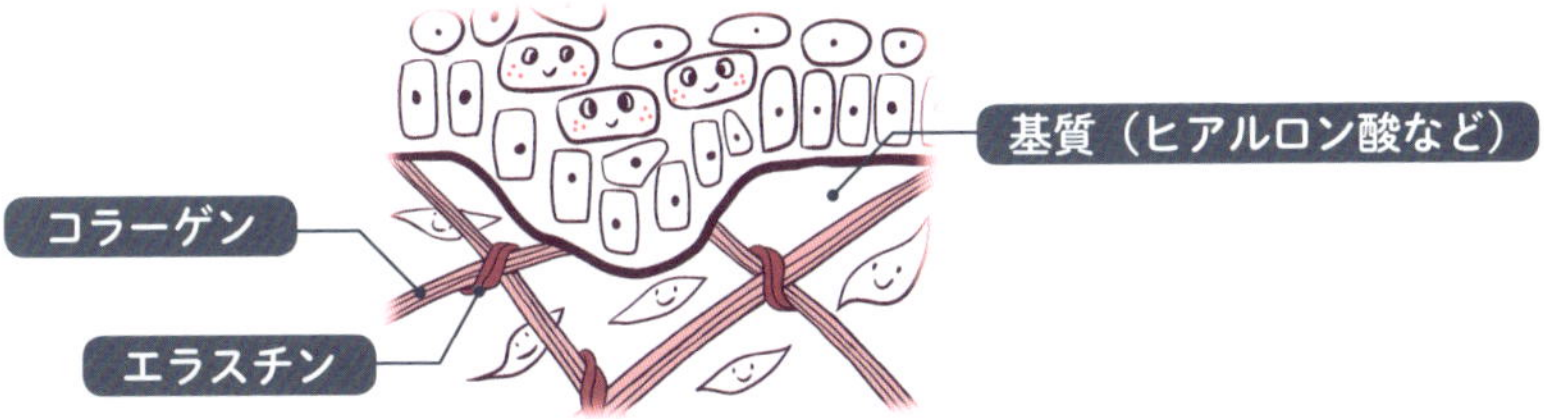

5

脂腺細胞

毛包内の皮脂腺に存在するのが脂腺細胞。脂を溜め込んで成長し、弾けることで皮脂が分泌されます。皮脂は汗と混ざり合って天然の保護膜である皮脂膜をつくります。

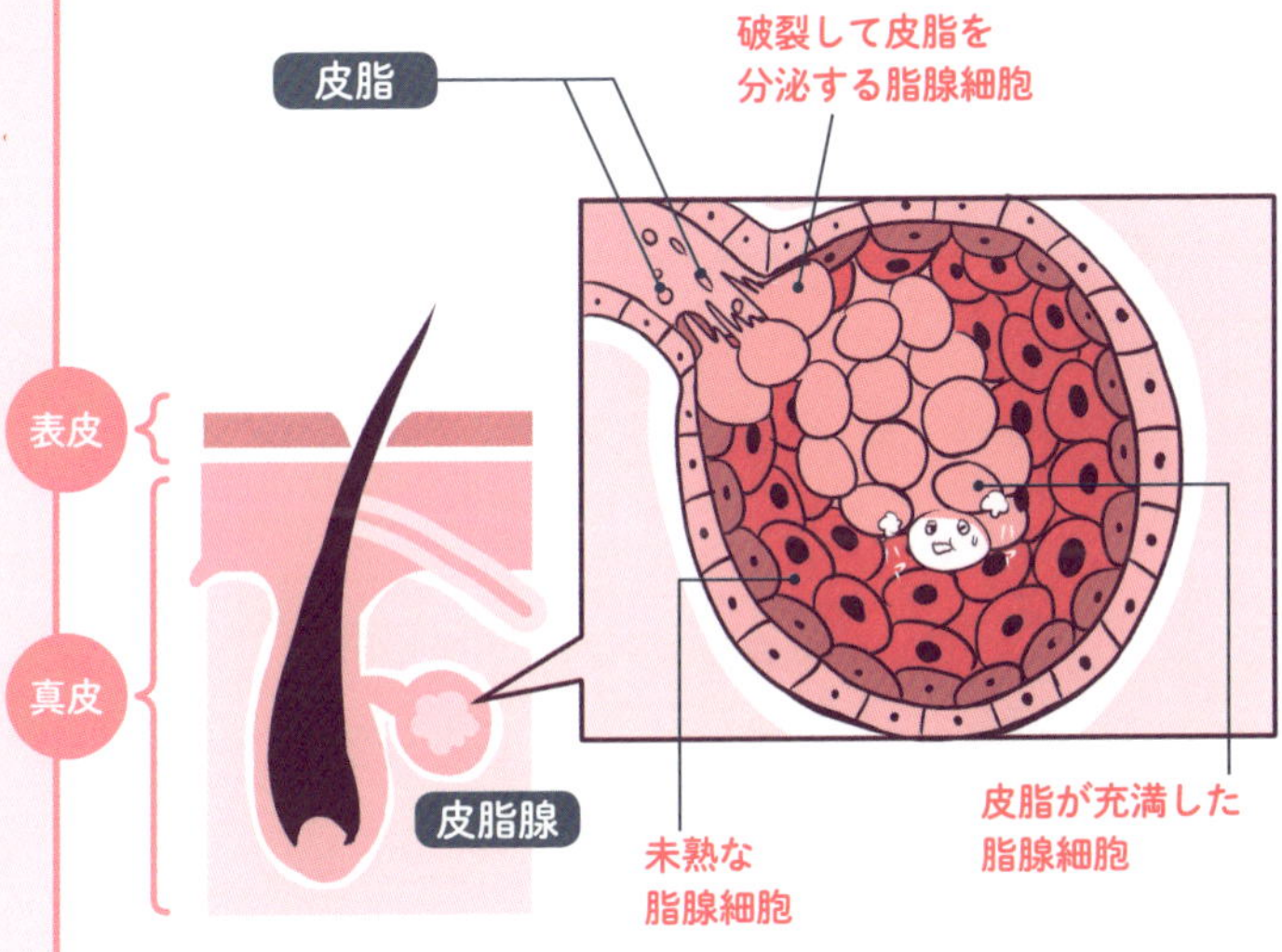

ぱっ
肌ってこんなふうになっているんだね
メラニンの日傘とか……美肌細胞すごい!
化粧品って肌のどこまで浸透するの?
化粧品のCMなんかで
皮膚の奥まで浸透(＊)
＊角質層まで
こんな表示を見たことは?
あるようなないような
角質層って表皮の一番外側の角層のこと?ラップフィルム1枚?
ペリッ
たったの0・02㎜?
そうそう
日本では化粧品の効果は角層までと法律で決まっているからそこまでしか浸透しない!
と考えるのが基本
化粧品は毎日安全に使えることが第一
死んだ細胞と言える角層や毛髪に作用することは認められていますが
「生きた細胞」への作用は原則、認められていないんです
そうなの?
エー
とはいえいろんな成分があって
データ上は基底層や真皮に効果を及ぼすものもありますよ
DATA

化粧品開発も進歩してますから
実際効くものもたくさんあります
例えば医薬部外品の一部の成分は
真皮や基底層までの効果が認められているものもあります
表皮
真皮
皮下組織
美白剤はメラノサイトがいる基底層まで
シワ改善剤は真皮までの浸透が認められているものも
角層より下に浸透するならばそれは化粧品の効能を逸脱することになります
角層までしか浸透しないならいくらつけても無駄じゃない？
基底層にいるメラノサイトまで届かなくても
メラニンをつくる命令を下すケラチノサイトに働きかければ
間接的にメラノサイトに働きかけられます
さっき見てきたように皮膚の細胞はお互い会話して助け合っています。
皮膚には恒常性を維持する機能があるので
第一バリアである角層を健全に保ち
細胞を傷つける紫外線や活性酸素などから守ってあげれば
細胞たちは日常を取り戻し自ずと肌はきれいになっていきます
化粧品が得意なのはまさにココ！
無理に奥まで届かせなくても
正しいスキンケアで解決できると言えるのです！

Q 表皮のターンオーバーにかかる日数は約28日間？約45日間？どちらが正しいの？

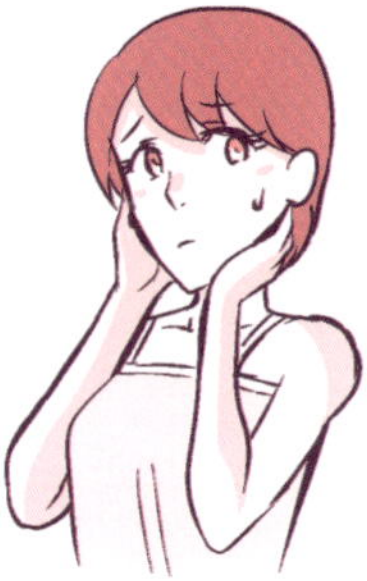

A どちらも正解。どこをスタートとしてカウントするのかによって違いが出ます。基底細胞の細胞分裂にかかる時間をカウントすると約45日間、基底細胞から有棘細胞に移行するところをスタートとすると約28日間になります。

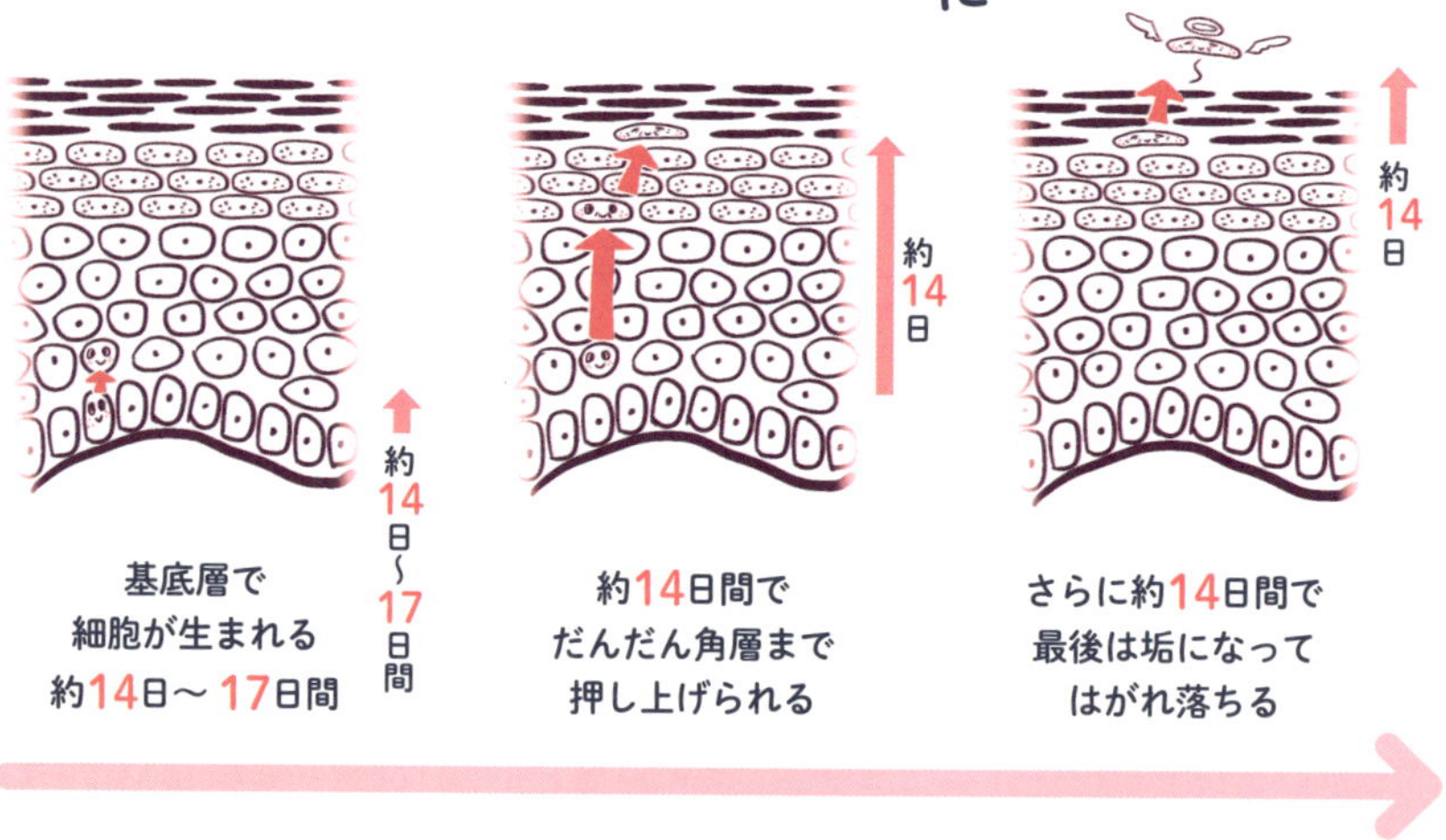

基底層で細胞が生まれる約14日～17日間

約14日間でだんだん角層まで押し上げられる

さらに約14日間で最後は垢になってはがれ落ちる

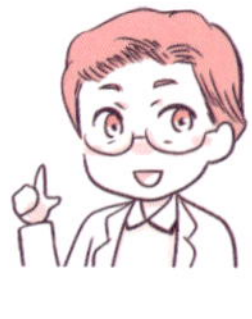

この日数は部位や人によって個人差があります。表皮は絶えず生まれ変わっていることを理解し、日数はあくまで目安として捉えましょう。

Part 5

肌の悩み・トラブル別 化粧品成分の選び方

肌のしくみとその働きが理解できたところで、
ここではさまざまな肌トラブルを解決に導く
〝お助け成分〟である美容成分の選び方・使い方を悩み別に紹介していきます。

あなたの気になる悩みは？

肌の悩みやトラブルは人それぞれ。
まずは、根本的な原因を知って対策を。
肌トラブルに対する効果的なお手入れと予防で
トラブル知らずの素肌美人を目指しましょう！

TROUBLE 1

シミ・美白

シミが急に浮き出てきた

シミが濃くなった

P92

TROUBLE 2

シワ・たるみ

小ジワが増えた

老けて見られる

フェイスラインがぼやけてきた

P106

TROUBLE 3

乾燥

カサカサして肌がつっぱる

粉をふいちゃう

P116

TROUBLE 4

敏感肌・かゆみ

ピリピリチクチク

ガサガサ皮むけ

顔が赤い

P120

TROUBLE 5

脂性肌・テカリ

お化粧がすぐ崩れちゃう

さわるとベタつく

P134

TROUBLE 9

クマ

寝不足じゃないのにどうして？

疲れてる？ってよく聞かれる

P170

TROUBLE 6

毛穴・角栓

毛穴がだんだん広がってきた？

黒いブツブツが取れない

P142

PARTS CARE

PARTS 1

くちびる

皮がむける

縦ジワが目立つ

色が悪い

P176

PARTS 2

手

ヒリヒリして痛い

ガサガサで恥ずかしい

P181

TROUBLE 7

ニキビ・大人ニキビ

白いのも赤いのもニキビ？

同じところに繰り返しできる

メイクで隠しきれない

P152

TROUBLE 8

くすみ

ゴワゴワざらつく

顔色がどんより暗い

P162

TROUBLE 1

シミ・美白

シミはなぜできるの？

シミのできる一番大きな要因は紫外線。紫外線は人間にとってよい影響と悪い影響があり、浴びすぎると肌に悪影響を及ぼすといわれています。真夏に太陽の日差しを浴びて肌が黒くなるのは肌細胞を守るメラニンの働き。紫外線の影響を受けて一時的に増えたメラニンが肌を守る黒いフィルターのような役割を果たします。これが日焼けです。通常は肌のターンオーバー（P82・P88）によって垢となってはがれ落ち、肌の色も自然に白く元に戻りますが、1ケ所に集中して滞るとシミになってしまうのです。

紫外線や摩擦、傷などの外部刺激によりシミができるイメージ

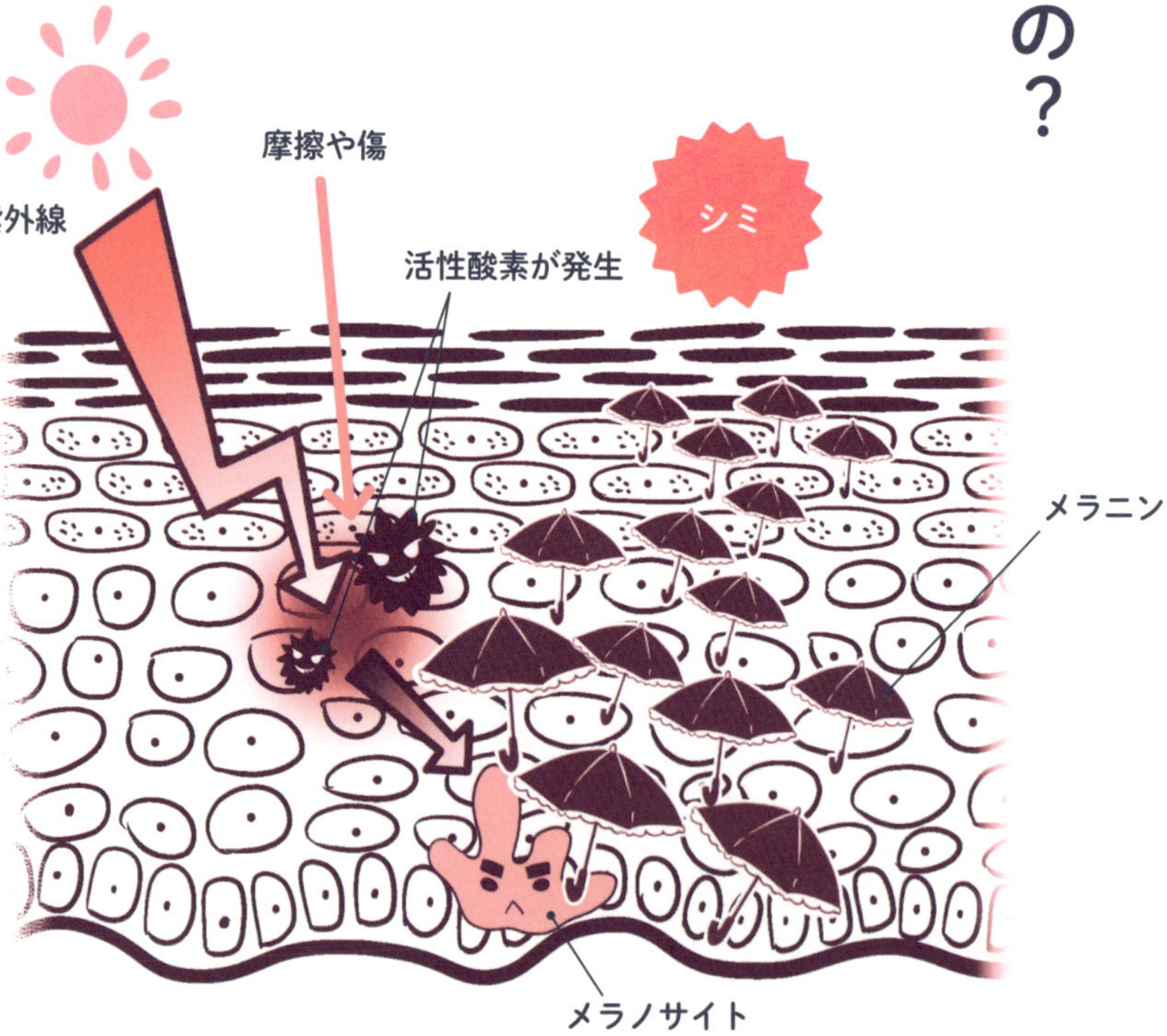

シミの種類とお手入れ方法

ひとくちに「シミ」といっても種類はさまざま。一般的に紫外線による老人性色素斑をシミと呼ぶことが多いのですが、同じように見えても種類が違う場合があります。美白化粧品は基本的にこの紫外線によるシミを対処するもの。

シミの種類によっては美白化粧品が効かず、誤ったケアで悪化してしまう可能性も。まずは自分のシミを見極めて、正しいお手入れや治療をしましょう。

老人性色素斑《ろうじんせいしきそはん》（日光黒子《にっこうこくし》）

最もポピュラーなのがこのタイプ。「老人性」という名前だが、20～30代からできる人も。紫外線を繰り返し浴びることでできるため、ほお骨の高いところやこめかみにできやすい。茶褐色で輪郭がはっきりしている。

肝斑《かんぱん》

30代～40代の女性に多く、ホルモンバランスの乱れなどによってあらわれる淡い褐色や灰色のぼやっとしたシミ。閉経後は薄くなる。ほお骨のあたりに左右対称にできる。額や口の周辺に広がることも。

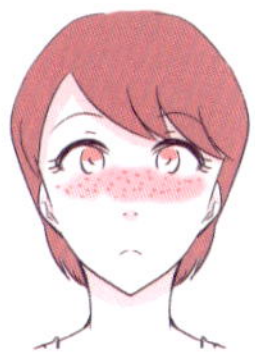

雀卵斑《じゃくらんはん》（そばかす）

遺伝的なもので鼻からほおにかけてできるそばがらを砕いたような形の小さな黒い斑点。紫外線によって数が増えたり、濃くなったりする。10代からあらわれ始めるが思春期以降は薄くなる傾向に。

炎症性色素沈着《えんしょうせいしきそちんちゃく》

ニキビやすり傷、虫刺されの跡など、炎症が起こった跡が茶色くシミになったもの。通常は徐々に薄くなっていくが、人によっては消えないことも。紫外線によって悪化することもある。

有効なお手入れ方法は？

老人性色素斑（日光黒子）：初期のごく薄いものには美白化粧品やピーリングなどが有効。まずはUVケアや抗酸化、抗炎症ケアなどで予防するのが一番！　美白化粧品以外ではレーザー治療が有効だが、治療後に再び色素沈着を起こすこともあるので注意が必要。

肝斑：軽度なものはトラネキサム酸入りの美白化粧品が有効。紫外線により濃くなることが多いので、UVケアをしっかりしましょう。美白化粧品以外ではトラネキサム酸の内服が期待できる。レーザーは悪化するリスクがあるのでNG！

雀卵斑（そばかす）：美白化粧品では効果が出ないことが多く、紫外線により悪化することが多いのでUVケアは必須。美白化粧品以外では、レーザー治療やフォトフェイシャル®などが有効な場合もあるが、再発することもある。

炎症性色素沈着：美白化粧品の効果が出やすく、ピーリングも有効。日頃から虫刺されには気をつけ、刺されてしまっても絶対にかきむしらないこと。抗炎症ケア、UVケアも重要です。特別なケアをしなくても数ヵ月で消えることが大半。

なぜ紫外線によってシミができるの？

（→詳しくはP82～「美肌細胞の働き」を参照）

慢性的に紫外線を多く浴びたり、より強い紫外線が部分的にあたったりすると……

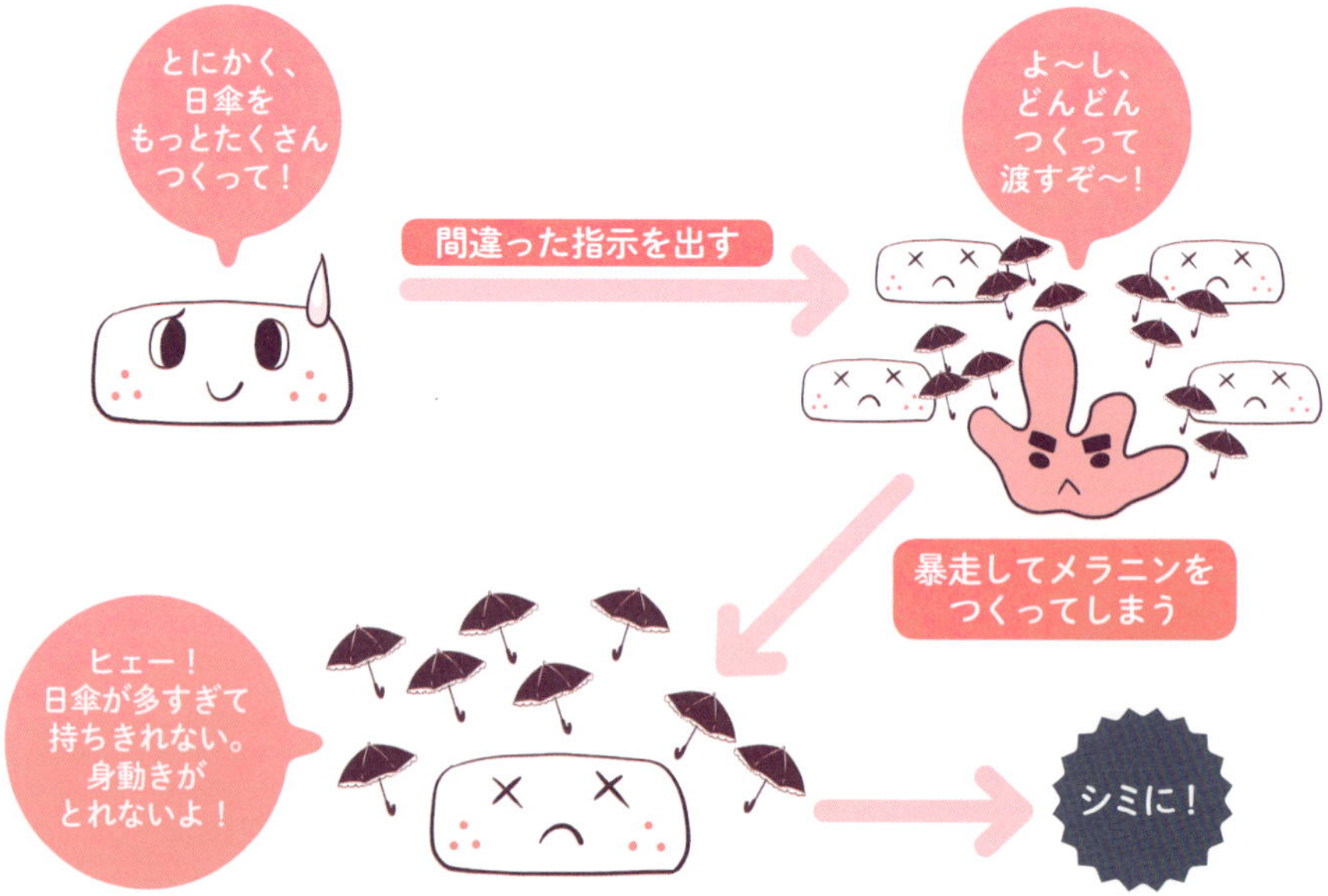

シミのメカニズムに大きくかかわっているメラニン。

美白化粧品はこのメラニン生成のどこの段階で働きかけるかにより、現在、大きく分けて以下の4つのタイプのものが開発されています。

1 間違ったメラニンの生成命令をストップする

➡ カモミラET、トラネキサム酸、トラネキサム酸セチル塩酸塩

2 過剰なメラニンの産生を抑制する（チロシナーゼ（P83）の活性を抑制）

➡ ビタミンC誘導体、コウジ酸、アルブチン、エラグ酸、4-n-ブチルレゾルシン、リノール酸S、4-メトキシサリチル酸カリウム塩、5,5'-ジプロピル-ビフェニル-2,2'-ジオール

3 メラニンの受け渡しをブロックする

➡ ニコチン酸アミド

4 滞ったメラニンの排出を促す

➡ アデノシン一リン酸二ナトリウムOT、デクスパンテノールW

CHECK 肌悩み別「美容成分選び」が美肌への近道！

シミに効果的な 4つの美白成分＋その他成分

成分名はすべて医薬部外品での表示名称、〔　〕内は通称など　▶メーカーが独自に開発した成分で特許などで他社が使えないもの

医 医薬部外品の有効成分

シロクロ先生おすすめ

かずのすけおすすめ

1 間違ったメラニンの生成命令をストップする

カモミラET〔カモミラエキス〕　医　▶花王

キク科植物のカミツレ（英語名：カモミール）から抽出される美白効果に特化した成分。メラニンの生成を促す情報伝達物質「エンドセリン」を抑制する。

トラネキサム酸〔m-トラネキサム酸〕　医

敏感肌にもおすすめ！

他の美白成分との併用がポイント

元々は止血剤、抗炎症剤として医薬品に使われてきた成分で人工的に合成されたアミノ酸。資生堂が美白成分として開発したもので、現在はさまざまなメーカーで使用されている。肝斑に対する特異的な効果があり、内服薬としても使われる。

トラネキサム酸セチル塩酸塩〔TXC、トラネキサム酸誘導体〕　▶CHANEL

皮膚に吸収されながらトラネキサム酸へと変化し、持続的に効果が続いて徐々に効果を発揮する。　医

2 過剰なメラニンの産生を抑制する

リン酸-L-アスコルビルマグネシウム、リン酸-L-アスコルビルナトリウム〔APM、APS、ビタミンC誘導体〕　医

経験上、このタイプのビタミンCが効果を発揮する印象。メラニンを還元して無色化する効果も

ビタミンC（アスコルビン酸）の誘導体のひとつ。皮膚に吸収されながらリン酸が離れてビタミンCとなり、メラニンがつくられる反応を抑制する。即効型ビタミンCとも呼ばれる。マグネシウムは武田薬品工業、ナトリウムはカネボウ化粧品が開発。現在は、さまざまなメーカーで使用されている。

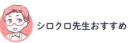

アスコルビン酸2-グルコシド〔ビタミンC誘導体〕 医

ビタミンC（アスコルビン酸）の誘導体のひとつ。皮膚に吸収されながらグルコシドが離れてビタミンCとなり、メラニンがつくられる反応を抑制する。持続性ビタミンCとも呼ばれる。資生堂と加美乃素本舗が開発し、現在は、さまざまなメーカーで使用されている。

3-O-エチルアスコルビン酸〔アスコルビン酸エチル、ビタミンC誘導体〕 医

UVA（長波長紫外線）による即時黒化を防ぐビタミンC誘導体。資生堂が開発。現在は、さまざまなメーカーで使用されている。

コウジ酸 医 ▶三省製薬

味噌や醤油の製造に使用されるコウジ菌の発酵液中に存在する成分。メラニンをつくるために必要な酵素「チロシナーゼ」に働き、メラニンの生成を抑える。原料メーカーでもある三省製薬が開発し、コーセー、アルビオンにて採用されている。

アルブチン〔β-アルブチン、ハイドロキノン誘導体〕 医

コケモモの葉などに含まれる成分。メラニンをつくるために必要な酵素「チロシナーゼ」に働き、メラニンの生成を抑える。資生堂が開発したもので、現在はさまざまなメーカーで使用されている。別に化粧品に使用できるα-アルブチンというものもある。

エラグ酸 医

タラ（ペルー原産のマメ科の植物）やイチゴ、リンゴなどに含まれるタンニンの一種。メラニンをつくるために必要な酵素「チロシナーゼ」に働き、メラニンの生成を抑える。ライオンが開発したもので、現在はさまざまなメーカーで使用されている。

4-n-ブチルレゾルシン〔ルシノール〕 医 ▶POLA

シベリアモミの木に含まれる成分。メラニンをつくるために必要な酵素「チロシナーゼ」に働き、メラニンの生成を抑える。POLAが開発。

リノール酸S〔リノレックS〕 医 ▶SUNSTAR

紅花などに多く含まれる不飽和脂肪酸の一種。メラニンをつくるために必要な酵素「チロシナーゼ」に働き、メラニンの生成を抑える。SUNSTARが開発。

4-メトキシサリチル酸カリウム塩〔4-MSK〕 医 ▶資生堂

メラニンをつくるために必要な酵素「チロシナーゼ」に働き、メラニンの生成を抑えるのと同時に溜まったメラニンの排出を正常化する効果を持つ。資生堂が開発。

5,5'-ジプロピル-ビフェニル-2,2'-ジオール〔マグノリグナン〕 ▶カネボウ化粧品

ホオノキなどに含まれるポリフェノールの一種。メラニンをつくるために必要な酵素「チロシナーゼ」に働き、メラニンの生成を抑える。カネボウ化粧品が開発。 医

③ メラニンの受け渡しをブロックする

ニコチン酸アミド〔d-メラノ、ナイアシンアミド〕 医

ビタミンB3の誘導体。メラノサイトでつくられたメラニンをケラチノサイトに受け渡すのを邪魔する。P&Gが開発。

④ 滞ったメラニンの排出を促す

アデノシン一リン酸二ナトリウムOT〔エナジーシグナルAMP〕 ▶大塚製薬

細胞内のエネルギー代謝を高めて、表皮のターンオーバーを促進することでメラニンの排出を促す。大塚製薬が開発。 医

デクスパンテノールW〔PCE-DP〕 医 ▶POLA

POLAが開発した最新美白成分。ケラチノサイトのエネルギー代謝を改善し、ターンオーバーを促進するとともに、抱え込んだメラニンの分解、消化も促進する。

その他のタイプ

プラセンタエキス 医

ブタなどの胎盤より得られるエキスでアミノ酸やミネラルを多く含む。メラニン生成抑制やメラニン排出を促す作用があると言われているが、まだ不明なところが多い。さまざまなメーカーで使用されている。

! 要注意成分

ハイドロキノン

「皮膚の漂白剤」といわれ、元々医療機関でしか取り扱いができなかったパワフルな成分。美白有効成分として認可されておらず、高濃度で用いるとロドデノール同様に白斑《はくはん》の副作用が報告されているため、注意が必要。

美白化粧品の選び方・使い方のポイント

最も有効な美白対策はシミをつくらせないこと！ シミができる前にブロックするのが美白ケアの基本です。日焼け止めは気になる部分にだけ塗るのではなく顔全体。UV効果のある乳液やUVカットのメイクアイテムを使用するのもポイントです。

POINT 1

美白化粧品や
日焼け止めは
夏だけでなく
1年中
使い続ける

POINT 2

特に紫外線を多く
浴びた日の
“夜”のお手入れ
が重要

POINT 3

美白成分が
どこに働きかけるか
を知って
上手に使いこなす

POINT 4

1ヶ月をめどに使って
効果がなければ
違うメカニズムの
ものを試してみる

POINT 5

違うところに
働きかける成分や
違うブランドのものを
複数組み合わせて
使う

Q 美白化粧品って本当にシミに効くの?

A

正直なところ皆さんが期待するほど美白化粧品は効かないんじゃないかと思っています。美白化粧品で明らかにシミが消えた、という話は聞いたことがないし、以前ブログで実施した「美白化粧品の効果に対するアンケート」でも5659票中、65%が「効果はなかった」と答えています。

美白化粧品は薬ではないので、すぐにシミがパッと消えるわけではないんです。あくまで皮膚の構造を大きく左右させないで徐々によくしていくのが目的。でも、私の経験上、時間はかかったけれどシミが薄くなった人、きれいになくなった人を何人も見ています。美白化粧品でよく聞くのは逆に「シミが濃くなった」という話で、実はこれが効いている証拠。シミに塗るとまず周りの皮膚の色が先に薄くなることがあり、それをシミの部分が濃くなったと勘違いして使用を止めてしまう人が多いんです。頑張ってもう少し使えば全体的に薄くなっていくことも期待できるんですけどね。

かずのすけ @kazunosuke13　アンケート　2017年3月23日

美白化粧品を使い始めて効果を感じるまでの期間はだいたいどのくらいでしたか?

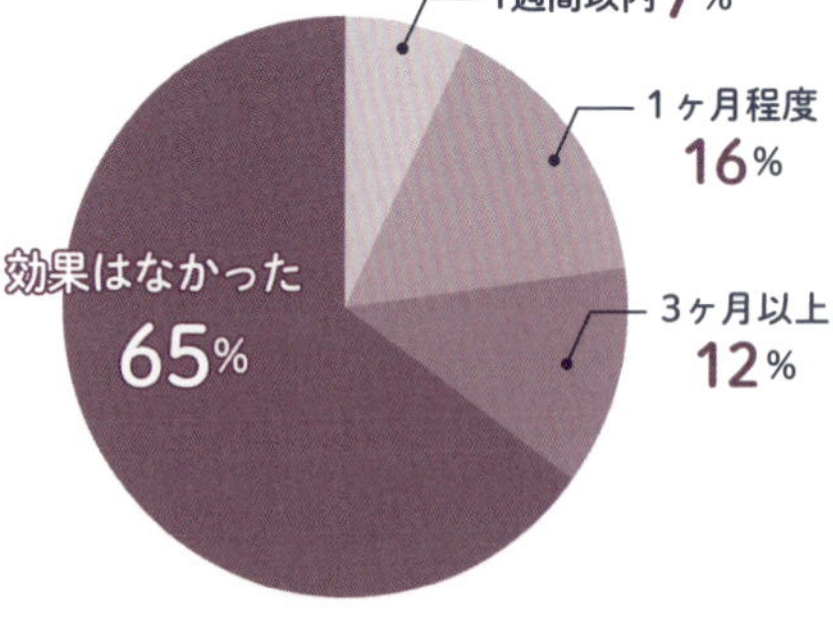

Q 安全なはずの化粧品でどうして白斑《はくはん》ができてしまったの？

A

美白成分の中でも特に危険だったのは、過去にカネボウ化粧品の「白斑」騒動で大きく問題になった「ロドデノール」という成分。ロドデノールはチロシンの代わりにチロシナーゼと反応して美白作用を発揮するのですが、その際に生じる副生成物がメラノサイトを攻撃したことで白斑を生じてしまったと考えられています。現在ではロドデノールは使用禁止となっていますが、類似のメカニズムの成分は他にもあります。

チロシンと競合してチロシナーゼを奪い合うものは一部ありますが、ロドデノールのようにチロシナーゼと美白成分が結合したものが細胞毒性を持つものばかりではありません。そもそもチロシナーゼは皮膚の内部で毎日ちゃんと働いているもの。それを抑制するのは理にかなっていないんです。医薬部外品というのは毎日安心して使えるのが大前提。厚生労働省は低濃度の量しか認可していないんですが、白斑問題では、単品使いではなくローション、美容液、クリームと重ね塗りしたことにより濃度が高くなってしまったことも要因のひとつといわれています。

同じブランドのライン使いで重ねづけをするのはよくないですね。

医薬部外品は基本的に継続して利用しても安全ですが、このときの安全性試験はひとつの商品のみでしか行われておらず、同一成分の製品を複数重ねたときの安全性は不確かです。場合によっては効果が強くなりすぎるというケースも考えられます。

完璧な美白ケアは紫外線をすべてカットする、ダメージを一切受けないことですが、これは普通に生活する上では絶対不可能。紫外線が怖いから外に出ないという人生は楽しくないですよね。表皮と真皮をつなげる基底膜が破れて真皮にまでダメージがいくとターンオーバーの波に乗れなくて排出できない、というパターンもあるので、ひどくなる前にまず「予防」が大切。もしシミができてしまったら根気よく続ける。そんな感じで美白化粧品を使ってもらえればいいと思います。

Q 「ビタミンC誘導体」ってなに？

A 美肌や健康づくりに欠かせない成分として知られているビタミンCは、酸化しやすく非常に不安定な成分。そのままでは皮膚に浸透しにくいというデメリットがあります。ビタミンCの安定性を高めて浸透しやすくしたり、別の効果をつけたりするために、何らかの他のパーツ（分子）とつなげたものが「誘導体」です。ビタミンCの別名は「L-アスコルビン酸」ですが、「グルコシド」という分子をくっつけると「アスコルビン酸2-グルコシド」、「リン酸マグネシウム」というパーツをつけると「リン酸-L-アスコ

リン酸-L-アスコルビルマグネシウムのイメージ

途中まで
ついて行って
あげるね
ビタミンC
リン酸マグネシウム

2つ合わせてビタミンC誘導体

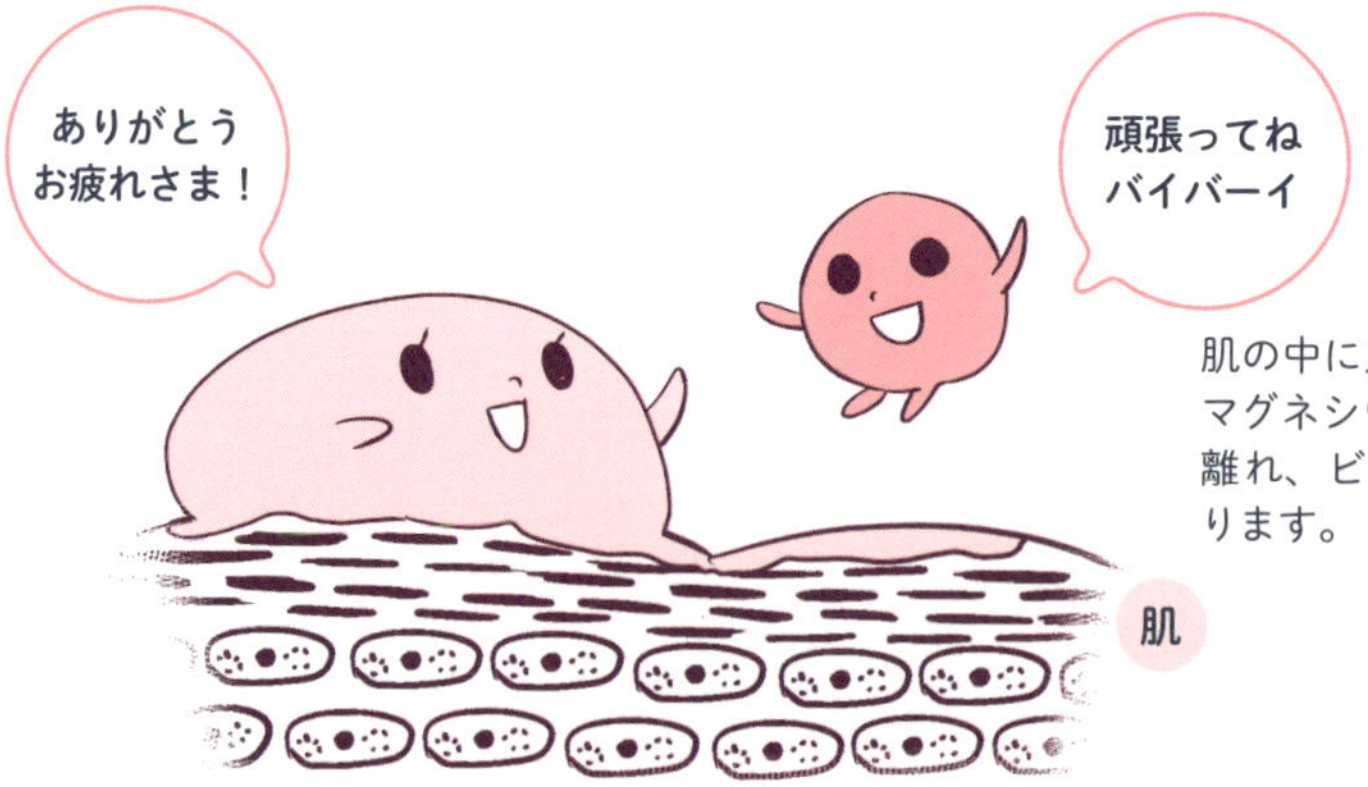
ありがとう
お疲れさま！
頑張ってね
バイバーイ
肌

肌の中に入るとリン酸マグネシウムの部分が離れ、ビタミンCになります。

ルビルマグネシウム」になります。

これらはビタミンCを安定化し、皮膚中の酵素の働きによって「グルコシド」や「リン酸マグネシウム」が離れて「ビタミンC」となり効果を発揮するのです。また、この分子の離れ方によって効果の強さや効果が出るスピードが異なります。

一方、ビタミンCに「エチル」をくっつけた「3-O-エチルアスコルビン酸」は右記の2つとは異なり、皮膚の中で「エチル」が離れずビタミンCにはならずに美白効果を発揮できるタイプの誘導体。72時間以上持続し、さらにビタミンCにはない、強い紫外線（UVA）を浴びた直後に肌が黒くなり、数時間で消える反応（即時黒化）を防ぐという効果があることが確認されています。

3-O-エチルアスコルビン酸のイメージ

ずっと
一緒にいるよ
ビタミンC
エチル
2つ合わせてビタミンC誘導体
着いた！
ビタミンC
肌

このように「ビタミンC誘導体」といってもさまざまな種類があり、それぞれ特徴があります。ただし、ビタミンC誘導体は皮脂を抑える効果もあるため、元々皮脂がほとんど出ない乾燥肌の人は、注意が必要です。

シロクロ先生 COLUMN

私の「シミの記憶」

実際にお会いした人はご存知だと思いますが、私の顔には「老人性色素斑」が多くあります。「老人性」といっても早い人は20～30代からでき始めます。私もその頃から気になり始めました。

なぜ、こんなことになってしまったのか……。それは、10代後半までさかのぼります。小さい頃から、肌が白く、髪は茶色。当時はまだ「小麦色の肌」＝「健康的な肌」という価値観、しかも男子が色白なんて……女子からは羨ましがられることがありましたが、当の本人には「色白茶髪」はただただコンプレックスでしかありませんでした。となると、ガンガンに日焼けするしかありません。当時はテニスをやっていましたが、もちろん日焼け止めなんて塗ることなんかありません（当時の男性はみんな同じだったかも）。若いうちはいい感じで日焼けしていましたが、年を重ねるごとに……。「シミの記憶」という言葉もあるように、今あるシミはそんな過去の生活が記された「証」みたいなもの。特に色白でキメが細かい、いわゆる「美肌」の人ほど、シミができるリスクが高くなります。でも、だからといって、シミなんかつくりたくないから、外に出ない……というのでは、前にも話したように人生を楽しめません。そのために、「コスメ」があるのです。太陽の光を燦燦と浴びながらもサンスクリーン化粧品をしっかりと「正しく」塗り、日焼け後には炎症を抑える成分、美白成分が入ったスキンケアをきちんと行う。そうすることで「シミの記憶」は確実に薄れます。そう、化粧品はより豊かで美しい人生を送るために皆さんに寄り添うものだと思うのです。そのためにも正しい知識を身につけたいですね。

シロクロ先生
美肌の処方箋

美白ケアのキモは
「紫外線対策などの予防」と
「根気よく継続」すること。
美白効果を高めるための
日常のスキンケアも超重要！

TROUBLE 2

シワ・たるみ

シワ・たるみの原因

見た目年齢を大きく左右する肌のハリ。肌のハリは、肌の土台の真皮にあるコラーゲンやエラスチンといった弾力成分によって保たれています。加齢や紫外線などのさまざまな要因がからみあい、真皮がダメージを受けてゆるむとハリを失って肌がたるみ、溝ができることで「シワ」になります。

乾燥

乾燥は小ジワの原因。特に目元など繰り返し動いている部位はうるおいがないとシワができやすくなります

喫煙

タバコを吸うと活性酸素が大量に発生。シワのできるリスクは紫外線を浴びることよりも高い5.8倍※2との報告も

紫外線

肌老化の8割は光老化。紫外線を浴びることによってシワのできるリスクはなんと2.65倍※1

加齢

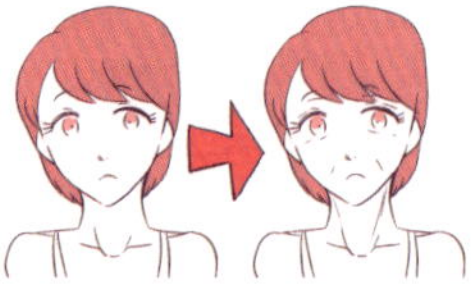

年を取るごとに細胞などの働きが低下し、シワやたるみ・ハリのなさにつながります

※1　1日あたり延べ2時間日光にあたった場合
※2　毎日1箱を35年間継続した場合

真皮がダメージを受けてシワができるイメージ

（→詳しくはPart4 肌のしくみを参照）

若い人の肌はみずみずしく弾力がありますが、これは皮膚の内部で細胞分裂が盛んに行われ、新陳代謝を繰り返すことで柔軟性・弾力性のある肌が保たれているから。美肌の源であるコラーゲンやヒアルロン酸、エラスチンは真皮にある線維芽細胞がつくりだしていますが、年齢を重ねることで産生力が低下し、一方で紫外線や活性酸素によって変性したり、減少することで表皮を支えることができなくなり浅く深いシワがだんだん深くハッキリしたシワになっていくのです。さらに最近の研究で、その下の皮下組織との境界の状態や皮下脂肪が増加することで真皮の状態が悪化することがわかっています。

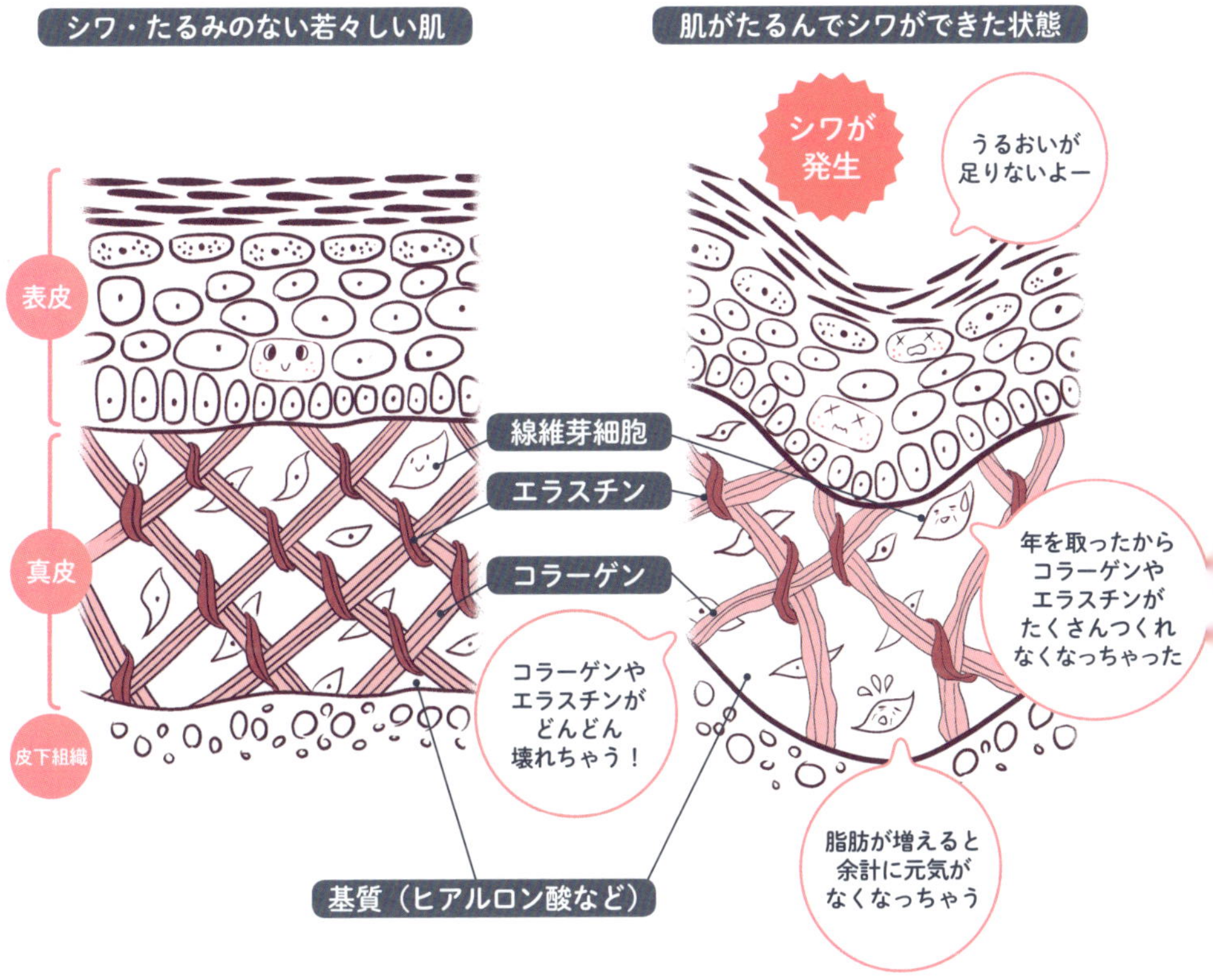

あなたの"シワ"はどのタイプ？

老け顔の大きな要因であるシワ。シワには大きく分けて【表情ジワ】【たるみジワ】【乾燥ジワ】の3つがあり、ケアの方法や働きかける成分が異なります。

表情ジワ

表情のクセによって皮膚にヨレが生じることでできるシワ。表情の変化が起きたときにできる「一過性の表情ジワ」とそのシワが繰り返されることで、表情が変わらないときでもシワとして残る「定着ジワ」がある。

できる場所 目尻、額、眉間、口の周り

主な原因 紫外線、乾燥、真皮構造の変化、表情筋機能の低下

たるみジワ

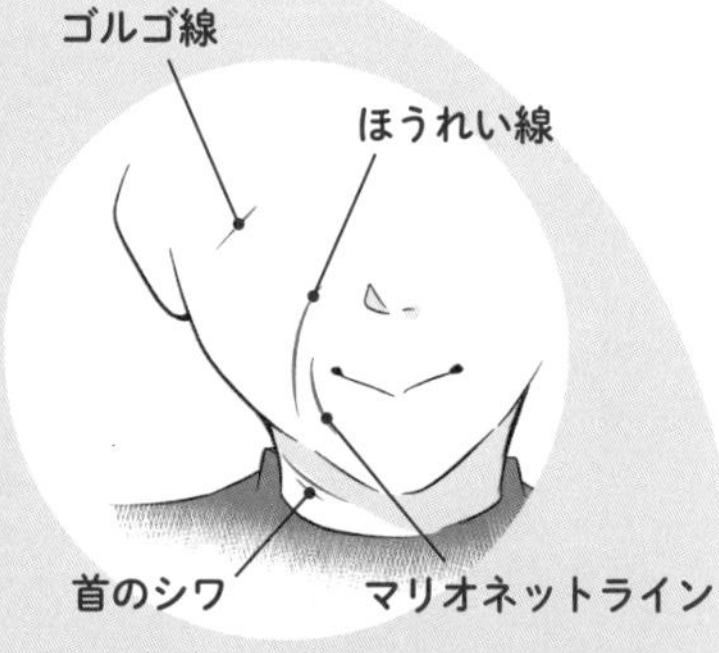

加齢などによってハリを失って生じる「たるみ」によってできる大きなシワ。特に顔の外側と内側のたるみ度合いの差によって生まれる。仰向けになると消えたり薄くなるのが特徴。

できる場所 目の下、ほお、口元、首

主な原因 加齢、真皮構造の変化、真皮と皮下組織構造の変化

乾燥ジワ

主に肌の乾燥によってできるシワ。「ちりめんジワ」「小ジワ」「表皮ジワ」とも呼ばれる。乾燥によって肌の柔軟性が低下し、シワがより深くなり、「表情ジワ」、「たるみジワ」へと発展する場合も。

できる場所 表情によって動くところを中心に全体的に

主な原因 乾燥

肌にハリを与え、シワ・たるみをケアするポイント

シワやたるみ、ハリのなさは加齢による自然老化と紫外線などの環境的な要素、さらに顔という表情をつくる部位だからこそ繰り返される変化の蓄積など、複合的な要因が重なりあうことで出現するエイジングサインです。化粧品での改善はとてもむずかしいので、予防的なケアが重要です。

POINT 1
紫外線を徹底ブロック！

UVケアをしている人としていない人では10年、20年……と年を追うごとに肌に差が出ます。トラブルが起こりやすいところを入念にお手入れしましょう。

POINT 2
しっかり保湿で乾燥対策！

乾燥が原因のシワは肌にうるおいを与えることで改善されます。保湿で肌のうるおいとやわらかさを保つことで表情ジワを定着させにくくします。

POINT 3
デリケートな目元は入念に！

皮膚が薄い目元は皮脂も少ないので、エモリエント効果の高いオイルをリッチに配合したアイクリームを選びましょう。つけるときは、絶対にこすらず、優しく丁寧に。

POINT 4
根気よく使い続ける

化粧品によるスキンケアは医薬品と違って、効果が出るまでに時間がかかります。使ってすぐに効果が出ないからといってやめてしまうのではなく、数ヵ月は同じものを使い続けてみましょう。

POINT 5
マッサージで肌細胞を活性化！

顔の表情をつくる「表情筋」の衰えによるたるみはしっかり保湿をするとともに、フェイスマッサージ（P164）で血流の流れを促し、細胞を活性化してリフトアップ！

CHECK 肌悩み別「美容成分選び」が美肌への近道！

シワ・たるみに効果的な 7つの成分

成分名は医薬部外品or化粧品表示名称、〔　　〕内は通称など

医 医薬部外品の有効成分　表 表情ジワに有効な成分　た たるみジワに有効な成分　乾 乾燥ジワに有効な成分

シロクロ先生おすすめ

かずのすけおすすめ

1「シワを改善する」有効成分

レチノール〔ビタミンA〕 医 表 乾

表皮のヒアルロン酸の産生を高めることによりシワを改善する効果がある。資生堂が「シワを改善する」という効能を取得。

三フッ化イソプロピルオキソプロピルアミノカルボニルピロリジンカルボニルメチルプロピルアミノカルボニルベンゾイルアミノ酢酸Na〔ニールワン〕 医 表 た

2016年に POLAが日本で初めて「シワを改善する」という効能を取得。エラスチンを分解することによりシワを促進してしまう酵素（好中球エラスターゼ）の働きを抑える効果がある。

ナイアシンアミド〔リンクルナイアシン、ニコチン酸アミド、ビタミンB3〕 医 表 た

コーセーが「シワを改善する」という効能を取得。ビタミンBの一種で表皮と真皮への効果が認められる。美白有効成分にも利用される汎用成分。

② 乾燥対策成分

パルミチン酸レチノール〔ビタミンA誘導体〕 表 乾

レチノール（ビタミンA）の誘導体で、同様に表皮のヒアルロン酸の産生を高める効果があるが、「シワを改善する」という効果は承認されていない。

レチノイン酸トコフェリル〔ビタミンA・E誘導体〕 表 乾

ビタミンAとビタミンEをくっつけた構造を持つ成分で、ビタミンAのシワ改善効果とビタミンEの抗酸化効果を併せ持つ。

ヒアルロン酸ジメチルシラノール〔ヒアルロン酸誘導体〕 表 乾

抗シワ効果があるといわれているケイ素を有するヒアルロン酸誘導体で、ヒアルロン酸よりも高い保湿効果がある。※この他、保湿効果が高い成分に乾燥ジワの改善効果が見られる（→乾燥悩みP116～参照）

セラミド3・セラミド6 II P135 表 乾

ヒト型セラミドのうちエイジングで減少する成分。

※「乾燥による小ジワを目立たなくする」とは？
化粧品の効果効能として、特定の試験を行い結果が出れば「乾燥による小じわを目立たなくする」という効果を謳うことができます。ただし、これは医薬部外品の有効成分とは違い、あくまで保湿によってシワを目立たなくしているということ。保湿効果やラップ効果の高い成分を配合している製品に多いです。

③ 真皮にアプローチする成分

パルミチン酸アスコルビルリン酸3Na〔ビタミンC誘導体〕 表 た

コラーゲン生成促進効果、抗酸化効果のあるビタミンC（アスコルビン酸）の機能を利用した成分で、より深部に届くように設計されたビタミンC誘導体。ただし水の存在で分解しやすく処方化がむずかしい。

3-O-セチルアスコルビン酸〔ビタミンC誘導体〕 表 た

安定性に優れたビタミンC誘導体で、コラーゲンの線維の束の形成を促すことでシワを抑える。

パルミトイルトリペプチド－5

表 た

真皮にあるコラーゲンの合成を促すことでシワを改善すると言われている合成ペプチド。

ジパルミトイルヒドロキシプロリン

表 た

コラーゲンの必須アミノ酸であるヒドロキシプロリンの誘導体。エラスチン分解酵素の働きを抑える効果も。

4 抗酸化成分

特殊な構造で
抗酸化力が低下
しにくいのが特徴。
「ラジカルスポンジ®」
とも呼ばれる所以

フラーレン

表 た

炭素がサッカーボール状に結合した構造を持つ。他の抗酸化剤より長時間効果が持続し、紫外線にも強い安定した抗酸化力がある。ラジカルスポンジ®とも呼ばれる。

トコフェリルリン酸Na〔dl-α-トコフェリルリン酸ナトリウム、ビタミンE誘導体〕

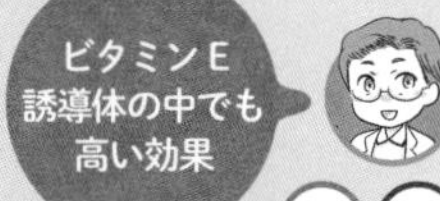
ビタミンE
誘導体の中でも
高い効果

表 た

油溶性のビタミン E にリン酸を結合させ水溶性にしたビタミン E 誘導体。皮膚内で高い抗酸化力を有するビタミンE（トコフェロール）に変換される。抗酸化効果の他、肌あれ防止効果がある。

アスタキサンチン〔ヘマトコッカスプルビアリスエキス〕

表 た

エビやカニ、オキアミなどの甲殻類やサケなどの魚類、ヘマトコッカスと呼ばれる藻などに広く存在する赤色色素のカロテノイドの一種。ビタミンEよりも高い抗酸化力があると言われている。ヒト皮膚試験でシワ改善効果の報告がある（医薬部外品未承認）。

ユビキノン〔コエンザイムQ10（CoQ10）〕

表 た

エネルギー代謝にかかわる重要な成分で、抗酸化効果を持つ。化粧品のネガティブリスト（P213）に収載されており、配合制限がある。ヒト皮膚試験でシワ改善効果の報告がある（医薬部外品未承認）。

⑤ 表情筋対策成分

アセチルヘキサペプチド-8 （表）

原料名「アルジルリン」として有名な成分。ボトックス様作用により表情筋の収縮を弱めてシワを改善する。

ジ酢酸ジペプチドジアミノブチロイルベンジルアミド （表）

原料名「シン-エイク」として有名な、蛇毒をヒントに開発されたボトックス様作用を持つ成分。

⑥ 表面にヴェールをつくってシワをピンと伸ばす成分

（メタクリル酸グリセリルアミドエチル／メタクリル酸ステアリル）コポリマー （表）

セラミドの構造を模したポリマー（高分子成分）で、皮膚上でつっぱり感のないヴェールをつくることでシワを改善する効果が認められている。

保湿も
しながらシワを
目立たなく
します

→この他にも、植物を由来とした皮膜剤が多くあります。

⑦ シワや毛穴を物理的に目立たなくさせる成分

ナイロン-6 （表）

ナイロン系の合成ポリマーで、多孔質のタイプにソフトフォーカス効果※が確認されている。

（1,4-ブタンジオール／コハク酸／アジピン酸／HDI）コポリマー （表）

合成ポリマーでシリカと組み合わされたものにソフトフォーカス効果※の他、テカリ、ベタつきを抑える効果もある。

（ビニルジメチコン／メチコンシルセスキオキサン）クロスポリマー （表）

シリコーン由来の球状パウダー。他のパウダーに比べ、やわらかくなめらかな使用感が特徴。

※「ソフトフォーカス（ぼかし）効果」を持つパウダーがスキンケア化粧品に使用される例が増えています。この他、さまざまな複合粉体（数種の成分を組み合わせてつくられる粉体）が「ソフトフォーカスパウダー」として使用されています。

かずのすけ COLUMN

シワ訴求成分の注意点

「シワを改善する」という効能は2016年に日本で初めてPOLAの医薬部外品が取得したもので、翌2017年に同効能の製品が発売されたばかり。またその後、資生堂、コーセーの医薬部外品が続いてシワ改善の認可を受けています。これまで、シワへの効果訴求は化粧品ではむずかしいと考えられていたものが次々に効果承認を得て、化粧品産業の発展が期待されます。

しかし、シワ改善効能を持つ成分には成分特性上の注意点も多いです。例えば、POLAのニールワンは資生堂のレチノール、コーセーのナイアシンアミド（ニコチン酸アミド）と異なり、完全な新規成分です。新規成分であることはオリジナリティが確立されることやこれまでになかった効果が期待できるなど多くのメリットもある一方で、市場実績が少なく従来成分と比べると安全性も不確かな部分が多いと言えます。エラスターゼ阻害剤であるニールワンはタンパク質と類似の構造を持つためアレルギーの原因になる懸念もあります（そのため現在では正規販売は対面のみ）。

また、従来成分であるレチノールは市場実績こそありますが、元々レチノール系成分（パルミチン酸レチノールや酢酸レチノールなども含め）の特性で、まれに敏感肌には刺激になることが知られています。合わない場合もあるので注意して使いましょう。ナイアシンアミドは最も新しくシワ改善の承認を得た成分ですが、古くから美白作用や血行促進作用などでも用いられているため目新しいものではありません。

いずれの成分においてもシワの改善はとても時間のかかるもので、実感として得るためには年単位の長期利用が必要になる場合が多いと考えられます。肌の奥深くに刻まれたシワに効く効能ほど効果の実感は遅いため、シワの改善は一朝一夕では得られないものと考えましょう。

シロクロ先生
美肌の処方箋

コスメでのシワ対策は まず予防！

しっかりと乾燥対策をして
肌の柔軟性を保ち、
紫外線対策で「光老化」を遅らせることを意識しよう！

TROUBLE 3

乾燥

乾燥はなぜ起こるの？

乾燥肌とは、肌の水分や皮脂が不足することによってうるおいがなくなってしまった肌のこと。乾燥肌をそのまま放っておくと肌のバリア機能（P79）が低下して紫外線などの外部刺激を受けやすくなり、大きな肌トラブルを招いてしまうことも。肌が乾燥する原因はひとつだけではありません。

加齢

肌の代謝機能の衰えにより水分保持能力が落ち、セラミドや皮脂量も減っていく

体質（アトピーなど）

生まれつきNMFや皮脂、セラミドなどの産生量が少ないなどの理由から天然の保湿成分が少ない

洗いすぎ

NMFや皮脂、セラミドなどの天然の保湿成分を過剰に洗い流すことで乾燥を招く

無理なダイエット

肌の保湿成分のそもそもの材料は食事から摂っているため、その材料をバランスよく摂取しないと保湿成分をうまくつくれなくなってしまう

空気の乾燥（低湿度）

エアコンの強い場所や冬場など、空気が乾燥していると肌水分が蒸発しやすくなる

表皮の角層には薄い角質細胞がレンガのように並び、角質細胞の中にはNMF（天然保湿因子）が存在しています。その隙間をセメントのように埋めてくっつけているのがセラミドなどの細胞間脂質。細胞間脂質が細胞同士をしっかりつなぎとめ、水分をキープしています。

また、角層の一番上につくられている皮脂膜が、肌の表面から水分を蒸発するのを防いでいます。NMF、細胞間脂質、皮脂膜が保湿の3大因子でこの3つのバランス（モイスチャーバランス）が整っていると外部からの刺激や異物の侵入から肌を守り、うるおいのある肌をつくることができるのです。NMFやセラミドは体質や加齢などの要因で減少し、角層の水分が不足することで乾燥を招いてしまいます。

健康でうるおいのある肌

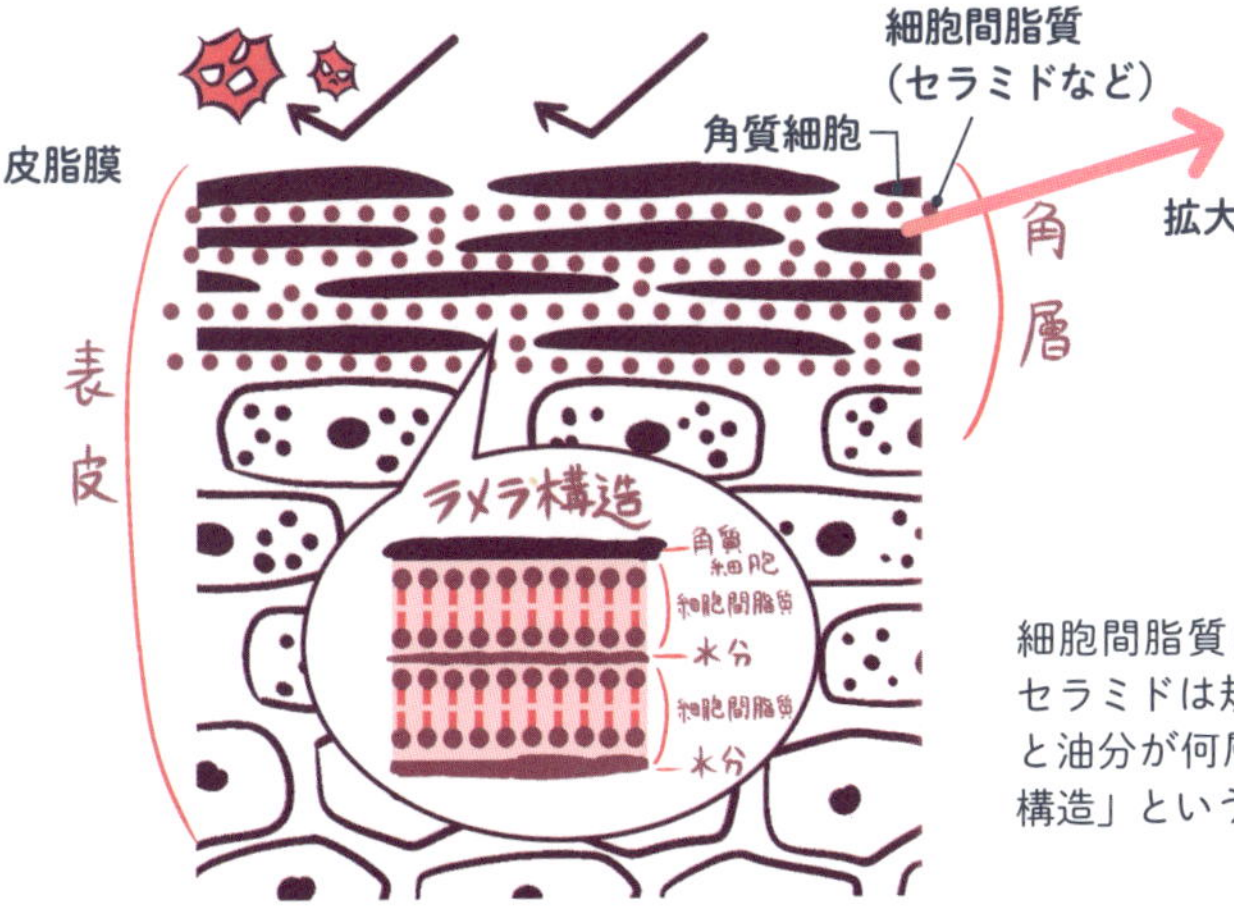

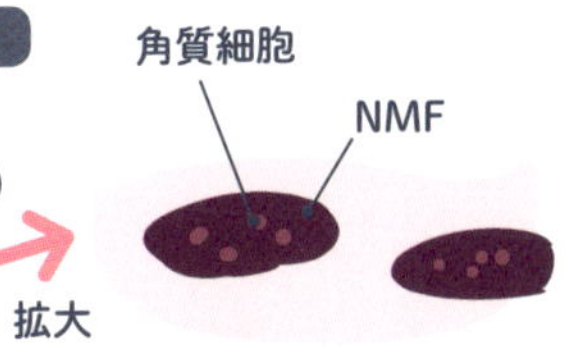

NMFは水分の蒸発を防ぎながら肌の弾力性や柔軟性をキープしています。

細胞間脂質はセラミドが主成分。セラミドは規則正しく並び、水分と油分が何層にも重なる「ラメラ構造」という状態になっています。

NMFとセラミドがつくられるしくみ

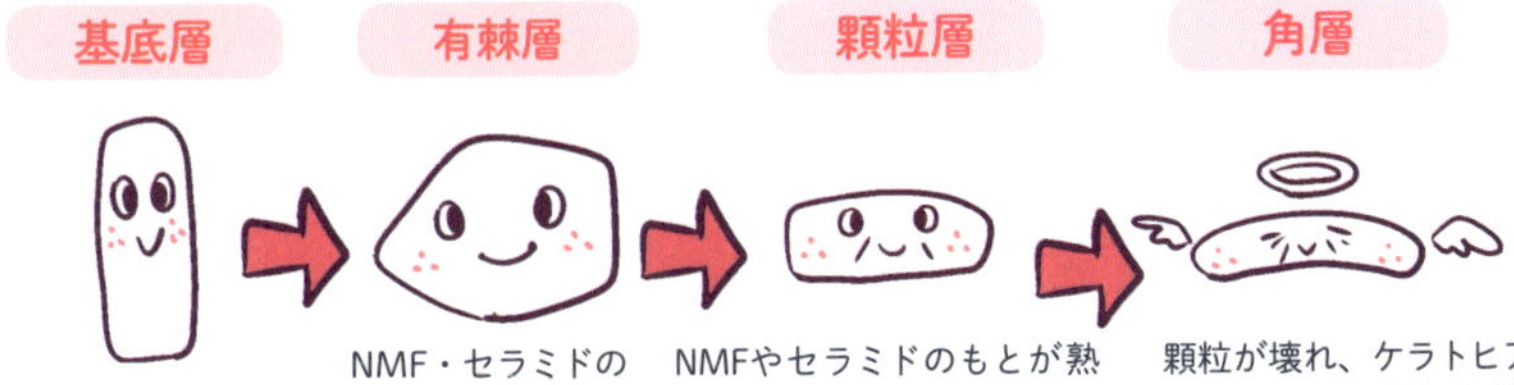

NMF・セラミドのもとがつくられる

NMFやセラミドのもとが熟成され、それぞれケラトヒアリン顆粒、層板顆粒となる

顆粒が壊れ、ケラトヒアリン顆粒はNMFに、層板顆粒はセラミドなど細胞間脂質となる

つまり、ケラチノサイトの一生がNMFやセラミドが正常につくられるカギに！

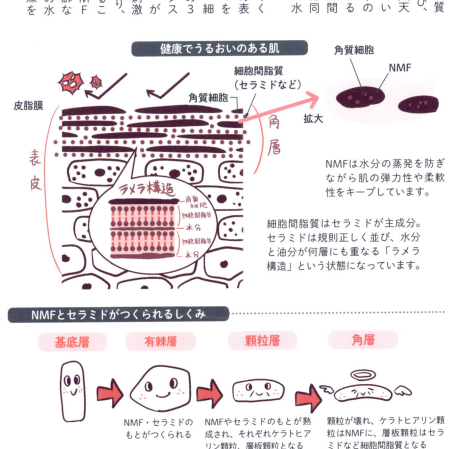

さらに恐ろしいことに……
さまざまな原因で一度乾燥すると
“乾燥の負のスパイラル”に陥ってしまう危険が!!

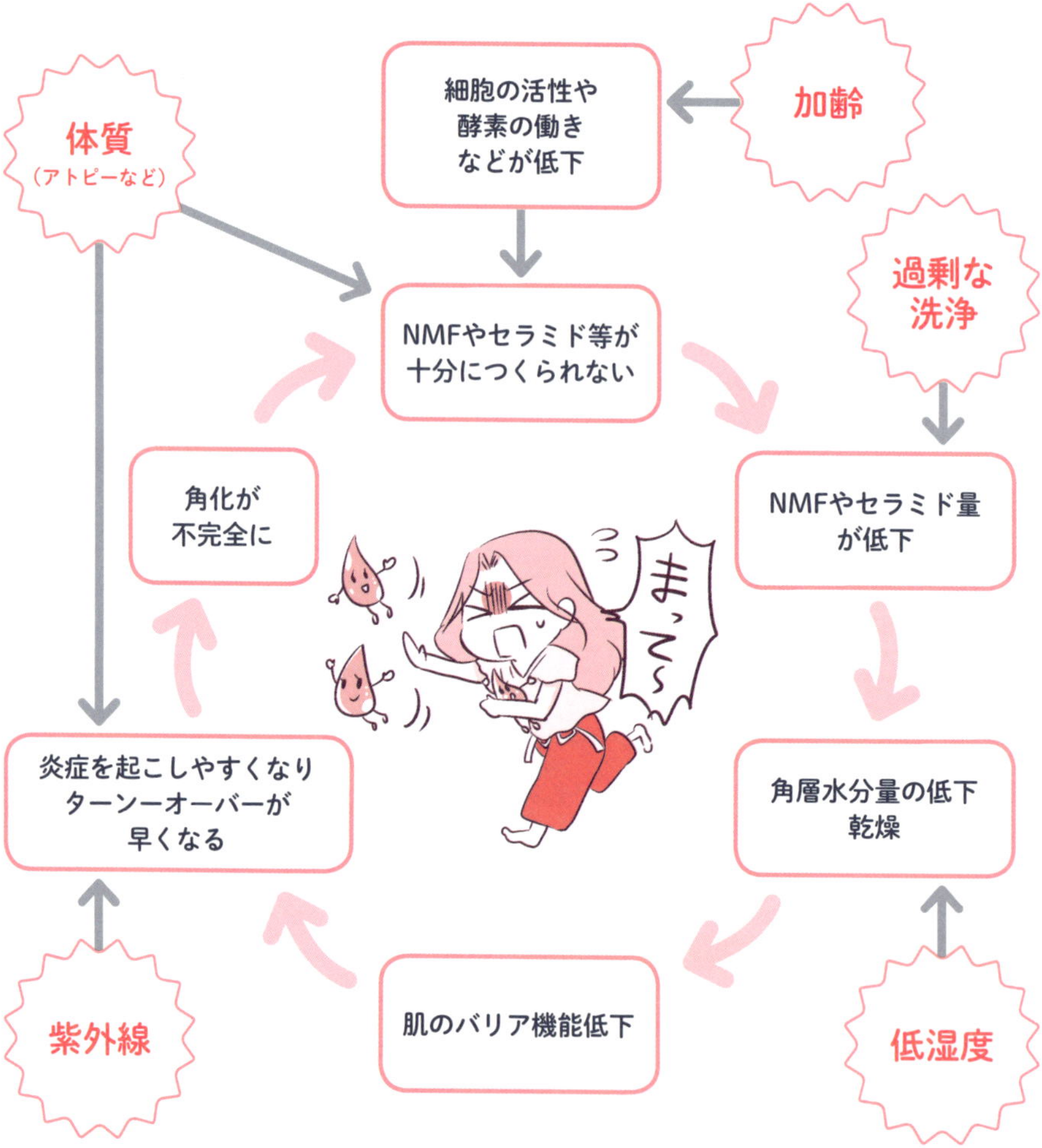

- アトピーの人などは元々NMFやセラミドが十分につくられない
- 老化によっても酵素の働きなどがダウンする
- 紫外線を浴びると肌が乾燥するのはターンオーバーが早くなるから

アイテム別化粧品選びのポイント

乾燥によって皮脂や水分が失われると肌の弾力が減少して硬くなり、刺激を受けやすくなります。その状態が慢性化すると敏感肌（P120）になってしまうことも。乾燥の負のスパイラルから抜け出すためには、肌の水分量をキープする保湿が重要。肌状態（乾燥度合い、皮脂量）に応じた化粧品選びが大切です。

化粧水

保湿成分、特にモイスチャー成分に着目して選びましょう。

洗顔料、ボディソープ

肌の状態に合わせて適切な洗浄剤を選びましょう。摩擦などの余計な負担をかけないためには、しっかり泡立てることが重要。細かい泡ほど優しく汚れを落とすことができます。洗いすぎは厳禁ですが、全く洗わないのもトラブルの元です。

乳液、クリーム、美容オイル

エモリエント効果が高い成分に着目して選びましょう。乾燥がひどいときはワセリンなどの水分蒸散を防ぐ効果が高いオイルが配合されたものがベター。ただし、汗をかきやすい部位への使用は控えて。特に、アトピーの人はワセリンを塗ると汗が出にくくなり、自分の汗で炎症を起こす可能性があるため、夏場の使用は気をつけましょう！

シートマスク

手軽で簡単、短時間で肌にうるおいが補給できる便利なアイテムですが、長時間のせたままにするとシートマスク自体が乾いて肌の水分が奪われ、逆効果に。使用時間をしっかり守り、週に1～2回のスペシャルケアがおすすめです。

TROUBLE 4

敏感肌・かゆみ

敏感肌とは？

生まれつき肌が薄い、弱いなどの体質、乾燥などによって肌のバリア機能（P79）が低下し、過敏な状態になっている肌のこと。バリア機能が弱くなると異物の侵入を防ぐことができずに慢性的な炎症状態となり、ちょっとしたことで本格的な炎症を起こしてしまいます。さらに症状が進むと肌の感受性が高くなり、わずかな刺激でかぶれたり赤くなったり、かゆみなどが生じます。敏感肌でまず気になるのは顔ですが、頭皮や腕、背中、脚など、顔以外の部位でも敏感肌になります。

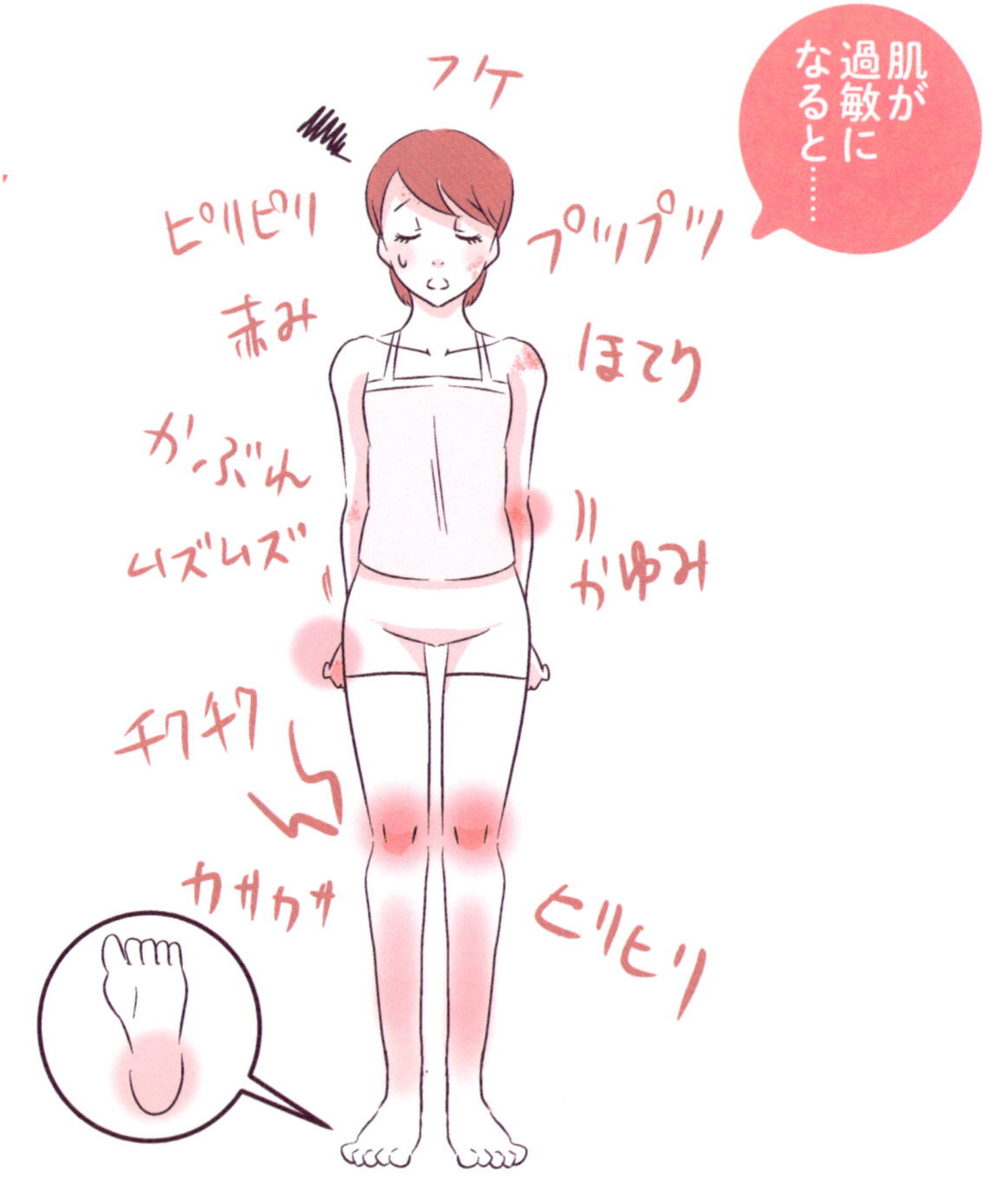

肌が過敏になるメカニズム

正常な肌

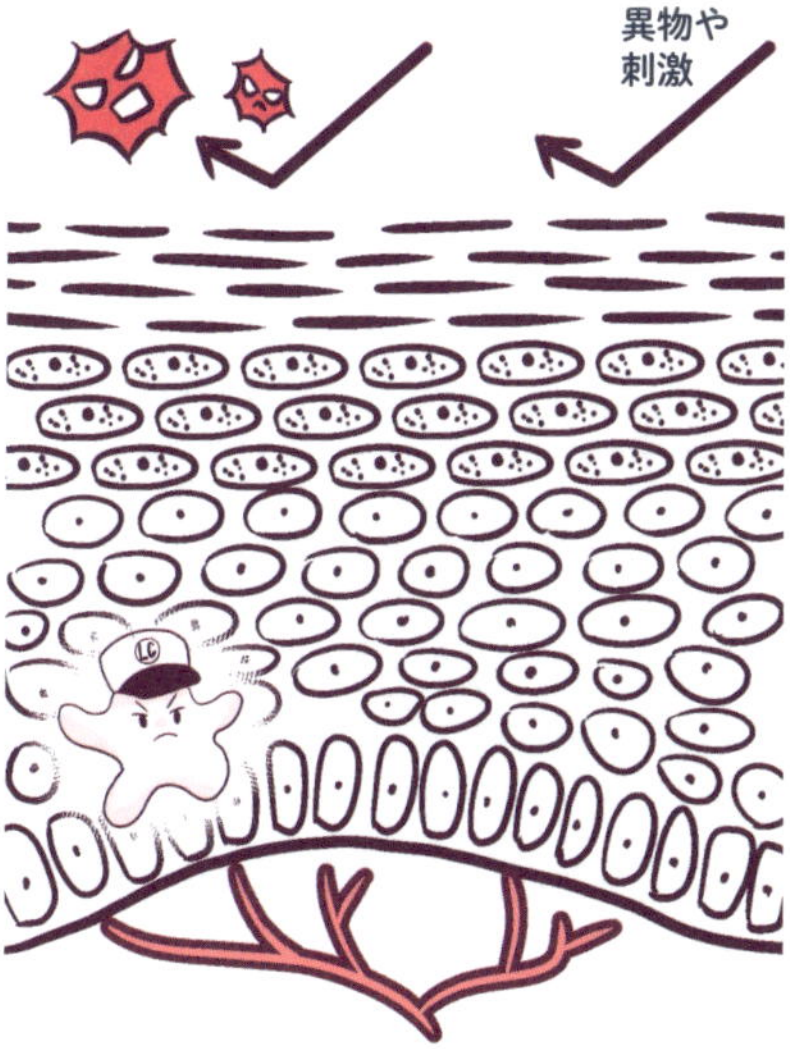

バリア機能が低下した肌

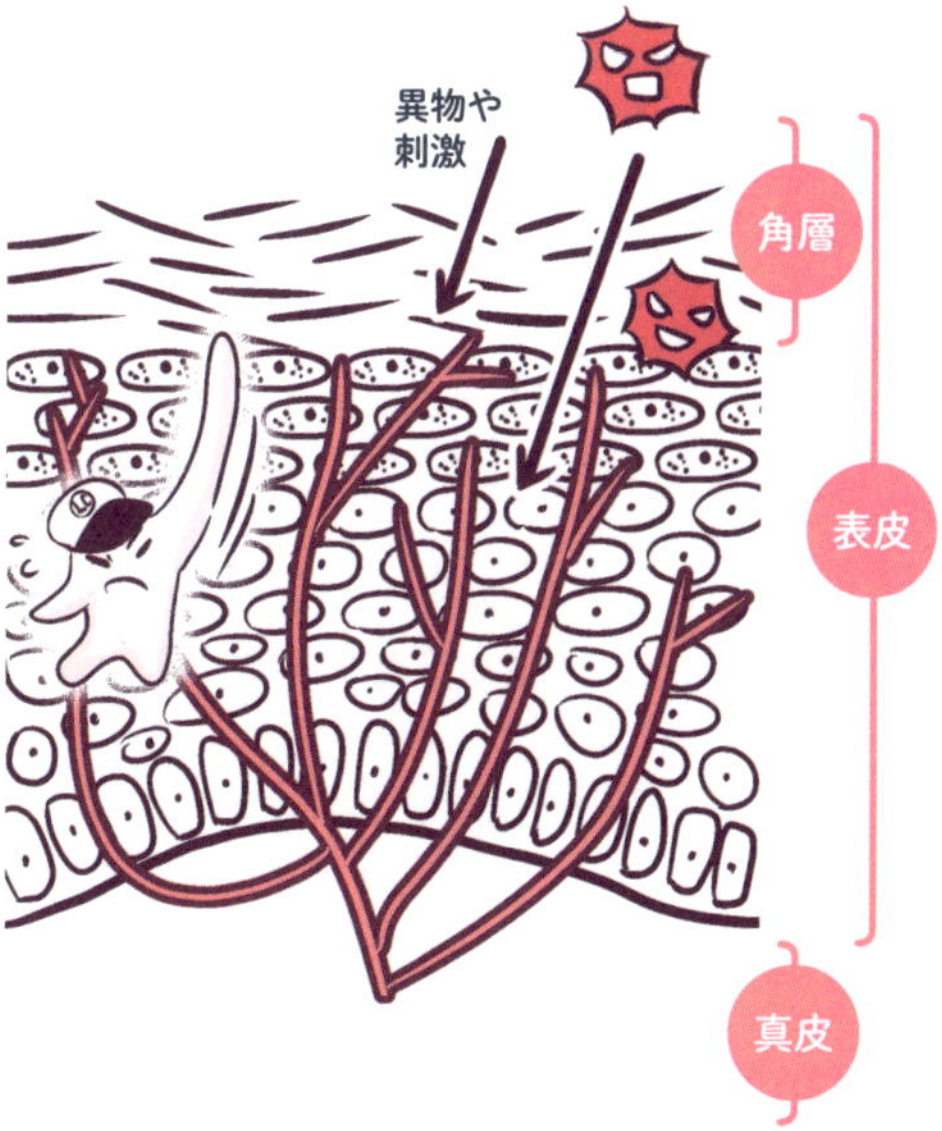

皮膚の一番外側にある表皮。表皮の中でも一番外側にあるのが角層で、顔ではわずか0.02mmの厚さしかありません。角層は、外部からの刺激や異物から肌を守り、水分蒸発を防ぐ「バリア機能」という大切な役割を果たしています。

バリア機能が低下した肌では、体内に異物が侵入しやすい状態に。肌が異物を察知すると皮膚の危険察知能力が上がり、神経がより肌の表面に近いところまで伸びていくため、ピリピリとした感覚刺激を受けてしまいます。また、危険を感知したランゲルハンス細胞（P84）が角層の真下まで手を伸ばして異物侵入に備えるため、より敏感になってしまうのです。

かずのすけ的

敏感肌・肌の強さの考え方

化粧品業界でよく使われている「敏感肌」。実はこの敏感肌は医学的な定義が存在しない、業界独自の「造語」です。薬機法で定められている成分表示の基本ルール（P17）では「お肌の弱い人用の化粧品」と広告することはできませんが、「敏感肌用の化粧品」ならOK。これは『敏感肌』という言葉が正確な意味を持たない曖昧な言葉だからといわれています。

ただ、僕は敏感肌は確かに存在すると考えています。人の肌の強さは千差万別で生まれつき肌が弱い人たちもいます。僕はその人たちを「敏感肌」、弱くも強くもない人たちを「普通肌」、そして、とても肌が強い人たちを「強靭肌」と独自に呼んでいます。

いわゆる「アトピー」とは敏感肌の中でも特に肌が弱い人たちのグループで、病気のようにいわれることもありますが、単純に肌が弱すぎてさまざまな接触刺激で肌あれしてしまう一種の「体質」だと僕は考えています（かずのすけもアトピー体質です）。

また、最近では「自称敏感肌」なる人も増えていますが、これは元々は普通肌だったにもかかわらず、普段の誤ったスキンケアが原因で、肌のバリア機能が一時的に低下してしまった人のことだと捉えています。元々「自称敏感肌」という呼称は、とあるメディアが「実際には肌が弱いわけではないのに、自分は敏感肌だと思い込んでいる人」を揶揄する意味を込めてそう呼んだのがはじまりで、僕はこの言葉があまり好きではありません。実際に肌のバリア機能が低下して敏感状態になることは確かにあり、「生まれながらではない敏感肌」ということで「後天性敏感肌」と呼んでいます。

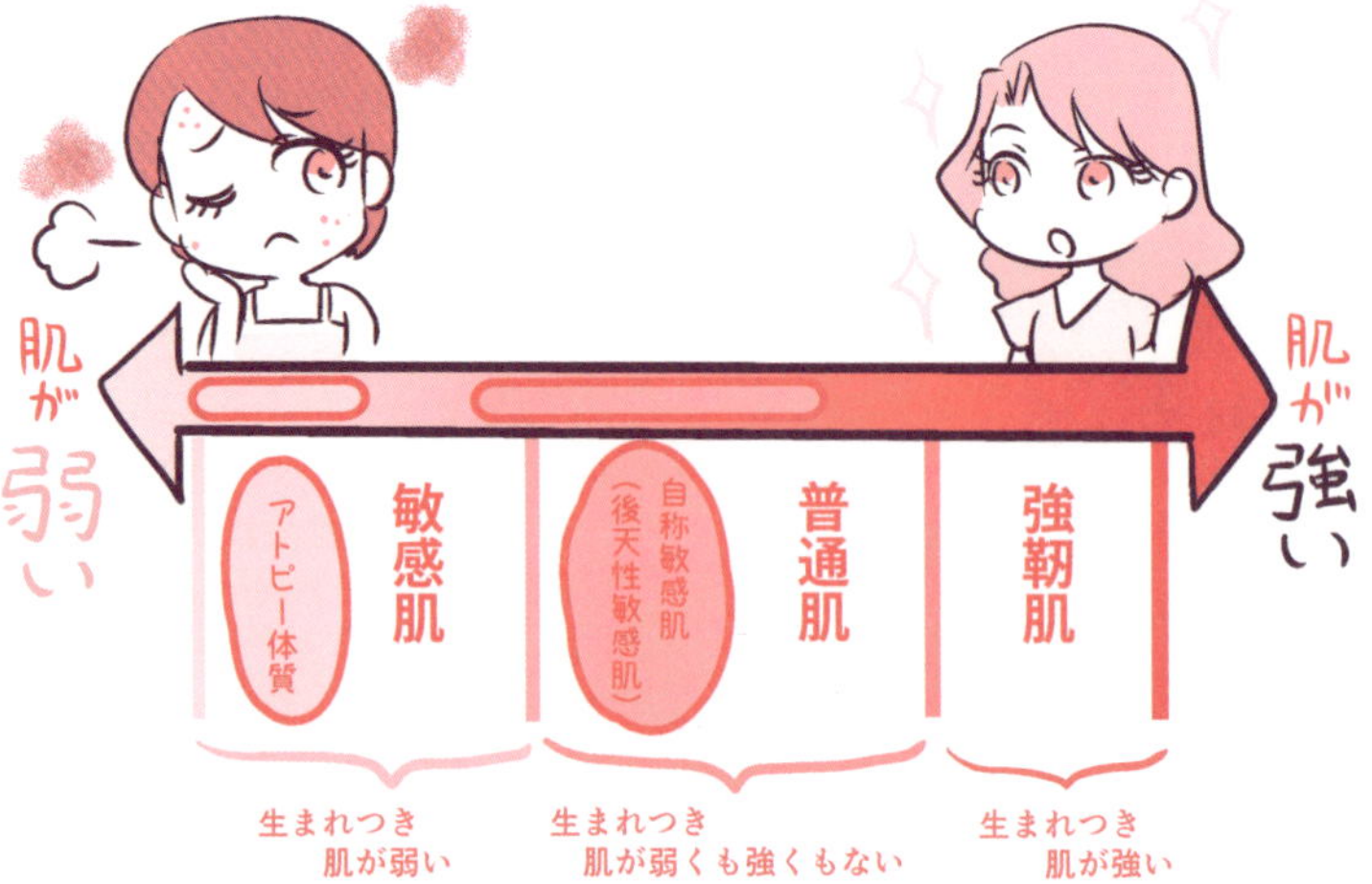

かずのすけ
COLUMN

アトピー肌には「石けん」や「保湿」も刺激に!?

敏感肌の肌あれの主な原因は洗顔料であることが多いです。肌に必要なセラミドや保湿成分を洗い落としすぎることで肌のバリア機能が低下してかゆくなったり、炎症を起こしたりします。特にアトピー体質の場合、一般的に低刺激と考えられている石けんでも洗いすぎになってpHバランスの悪化を招くため、弱酸性のアミノ酸系洗浄剤や両性イオンタイプの洗浄剤など、敏感肌に特に配慮された洗顔料を用いた方がよいケースもあります。ただし洗わなさすぎるのも問題なので、P65の各洗浄成分の洗浄力イメージを参考に自分の肌に合った洗浄成分を見つけましょう。

スキンケアによる「保湿」はもちろん大切ですが、アトピー体質の場合、普通の人が使っても全く刺激を感じない成分が刺激だと感じてしまうことがあります。よく保湿成分入りの洗顔料やボディソープなども見かけますが、肌に何かしら残留するだけでかゆみと感じる人もいるので、その場合は無理に保湿剤入りの洗浄剤を使う必要はなく、スキンケアそのものも極力シンプル設計のものを1～2品使う程度にとどめる方がよいです。P190でも説明していますが、防腐剤無添加やノンパラベンなどはより刺激的な成分が増えて敏感肌には合わないことがあるので、過度に防腐剤にこだわらないようにしましょう。

Q 「ゆらぎ肌」ってなに？敏感肌とどう違うの？

A ゆらぎ肌とは季節の変わり目などの外部環境の変化やストレス、生理前後などに、いつものスキンケアが急に合わなくなったり、肌がムズムズかゆくなったりして、「一時的」に肌が敏感な状態になること。「不安定肌」ともいわれます。

Q お風呂上がりにかゆみが出るのはどうして？

A 顔や体を洗いすぎることで皮脂などが落とされ、肌表面のバリア機能が低下します。また、血行がよくなるとかゆみを助長させてしまいます。洗浄料に肌に合わない成分が入っていたり、残留したりするとかゆくなることがあるので、成分をチェックしましょう！

かずのすけ的

アイテム別 化粧品選びのポイント

敏感肌や乾燥肌を「体質」だと考えて普段から使用している化粧品を軽視してしまう人がとても多いです。実際には化粧品の使用法や使うアイテムによっては乾燥肌や敏感肌を助長してしまったり、逆にアイテムの選択によってこれを一気に改善することも可能です。ただし、「敏感肌向け」と書いてあるからといって必ずしも安全性の高い成分とは限らないので、十分注意して選びましょう。

洗顔料

乾燥肌や敏感肌では強い洗浄力のクレンジングも肌に負担になります。まずは普段のメイクをできるだけ落としやすい軽めのメイクに変更し、クレンジング剤も油脂系オイルやクリーム、ミルクタイプなどの洗浄力の穏やかなアイテムを使用しましょう（→詳しくはP40～）。

また、石けんや一般的な洗顔フォームでは洗いすぎになってしまう場合があります。石けんは弱アルカリ性の洗浄剤。健康な肌であればpH調整能によりすぐに肌のpHを戻せますが、肌の機能が衰えていたりバリア機能が弱っていたりすると、うまく調整できず肌あれを助長してしまう場合も。肌の状態がよくない場合はぬるま湯での洗浄にとどめたり、弱酸性のアミノ酸系洗浄料やベビーソープなどをしっかり泡立ててから優しく洗います。

オールインワン or 化粧水、クリーム

刺激物との接触リスクを考え、極力シンプルケアで。オールインワンは配合成分が極力少ないシンプル設計のものを選びましょう。ただし、肌の保水力が低下しているとオールインワンのみでは十分でない場合があるので、化粧水とクリームを使用するとよいでしょう。

ベビー用の化粧品は基本的に低刺激なので、敏感肌でも使えるものが多いです

乾燥肌・敏感肌ケアに最重要！肌のバリア機能成分「セラミド」

保湿とは、肌に適度な湿気を保つこと。肌の水分維持のために非常に重要な役割を果たしているのが、細胞間脂質の約40％を占めるセラミドです。セラミドは元々皮膚の角層にある天然の脂質成分で、水分が蒸発して乾燥するのを防ぎ、肌のバリア機能を司っています。セラミドが不足すると肌あれを起こしやすくなるといわれ、特にアトピー体質や敏感肌の人は先天的にセラミドが不足しているというデータもあります。また、加齢とともに減少し、50代では20代のおよそ半分程度になってしまうといわれています。加齢で減少してしまったセラミドを体の中からつくりだすのはむずかしく、外から積極的に補う必要があります。

セラミドには、動物性の天然セラミドや植物性セラミド、合成セラミドなどの種類がありますが、中でもおすすめなのは人間の肌にあるセラミドと似た構造で肌なじみのよい「ヒト型セラミド」です。ヒト型セラミドにもいろいろな種類がありますが、成分名としては「セラミド3」や「セラミドEOP」のように、「セラミド＋数字（または英字）」で記載されています。非常に高価な成分ですが、微量配合でも肌バリアを助けることができ、肌に刺激にならないため敏感肌ケアに非常に有効な成分です。

またその他のセラミド成分もヒト型には及ばないものの効果的な肌バリア補助成分です。敏感肌や乾燥肌ケアの化粧品を選ぶ際にはP127の表のセラミド成分が入っているかどうかを最重要視しましょう！

角層の水分量の変化

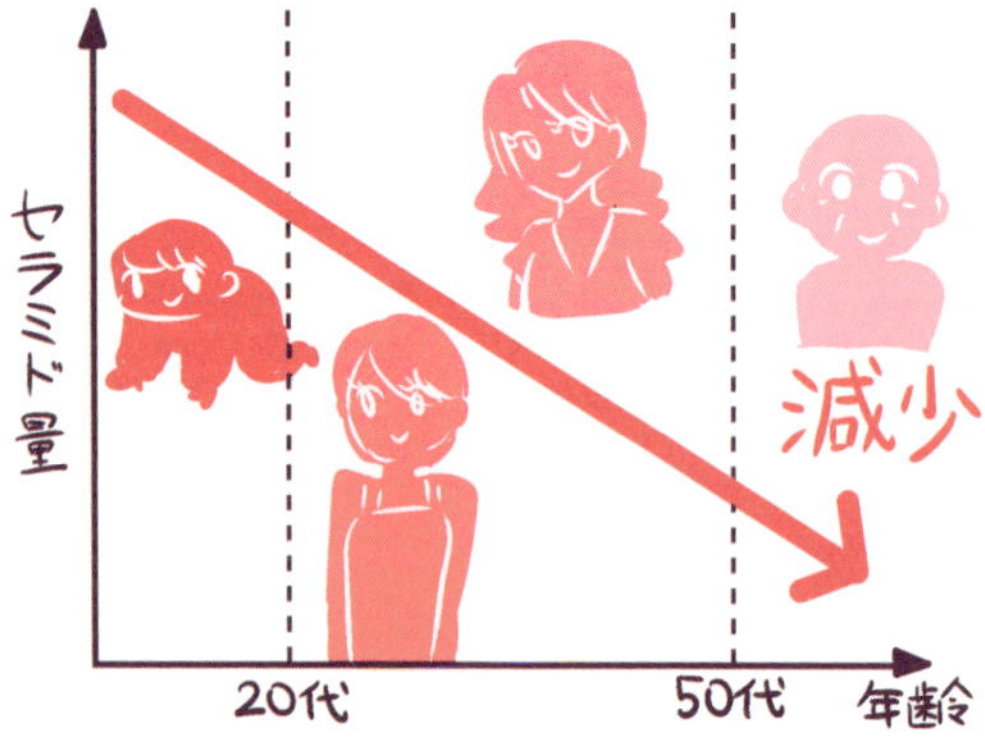

主要なセラミド成分一覧

分類	全成分表示名称		成分の解説
ヒト型セラミド	セラミド1	セラミドEOP	ヒト型セラミド。ヒトの肌に存在するバリア機能物質で、外部の乾燥や刺激から皮膚を守る働きをしている。アトピー肌、敏感肌、加齢肌にはセラミドが不足しているというデータがあり、外部補給することで肌のバリア機能を補うことが可能。成分表示には「セラミド○○（数字or英字）」で表示される。
	セラミド2	セラミドNS	
	セラミド3	セラミドNP	
	セラミド5	セラミドAS	
	セラミド6II	セラミドAP	
		セラミドEOS	
		セラミドNG	
		セラミドAG	
擬似セラミド	ヘキサデシロキシＰＧヒドロキシエチルヘキサデカナミド		擬似セラミドと呼ばれる成分。化学的に合成されたセラミド類似成分で、人間の肌の角層にあるセラミドと似た働きをする。外部から補うことで肌のバリア機能を高めることができる。効果はヒト型セラミドには及ばないが濃度を高めることで効果を上げることができる。
	セチルPGヒドロキシエチルパルミタミド		
	ラウロイルグルタミン酸ジ（フィトステリル／オクチルドデシル）		
糖セラミド	コメヌカスフィンゴ糖脂質		コメなどから得られる糖セラミド（グルコシルセラミド）を含むセラミド類似体。「植物性セラミド」等と呼ばれる。糖セラミドはセラミドの前駆体でありセラミドに似た働きをする。
	グルコシルセラミド		
	セレブロシド		ウマの脳や脊髄から得られる糖セラミド（ガラクトシルセラミド）が主成分で、セラミドと類似の働きをする。「天然セラミド」「動物セラミド」等と呼ばれる。原料名は「ビオセラミド」。
セラミド類似体	スフィンゴ脂質		細胞間脂質に含まれる特定の脂質類の総称で、化粧品の場合セラミド類の複合成分。
	ウマスフィンゴ脂質		ウマの脊髄から得られるスフィンゴ脂質で、セラミドと類似の働きをする。
	フィトスフィンゴシン		セラミドと類似の働きをして肌バリアを補助する植物由来の脂質成分。
	カプロオイルスフィンゴシン		スフィンゴシンおよびフィトスフィンゴシンに短鎖脂肪酸（カプロン酸）が結合した短鎖セラミド。セラミドと類似の働きをして肌バリアを形成する。シグナリング効果により肌機能を改善する効果が期待されている。
	カプロオイルフィトスフィンゴシン		
	ジヒドロキシリグノセロイルフィトスフィンゴシン		醤油粕由来のセラミド混合物から抽出されたスフィンゴ脂質。セラミドと類似の働きをして肌バリアを形成する他、皮膚そのもののセラミド産生量を増やす効果が示唆されている。
	スフィンゴミエリン		牛乳（ミルク）から得られるセラミド前駆体で「ミルクセラミド」等と呼ばれる。セラミドと似た働きをする。
	スフィンガニン		セラミドの前駆体。
	ヒドロキシパルミトイルスフィンガニン		

CHECK 肌悩み別
「美容成分選び」が
美肌への近道！

乾燥肌・敏感肌・かゆみに効果的な成分

成分名は医薬部外品or化粧品表示名称、〔　　〕内は通称など

医 医薬部外品の有効成分　水 水性成分（P50）　油 油性成分（P55）　界 界面活性剤（P62）

シロクロ先生おすすめ

かずのすけおすすめ

1 スキンケア類　化粧水、乳液、美容液、シートマスク、クリーム、オイル

セラミド類

P127「主要なセラミド成分一覧」参照

使い続けることで肌の保水力が改善される実感が出ます

敏感肌ケアに最も重要な成分！

ヒアルロン酸Na　水

真皮や表皮にも存在する多糖類（糖がたくさんつながったもの）。皮膚上に水分を引き寄せるヴェールをつくり、持続性のある保湿効果を有する。つくりを小さくした「加水分解タイプ」も存在する。微生物発酵によって得られるバイオ由来のものが主流だが、以前は鶏のとさかから得ていた歴史も。

アセチルヒアルロン酸Na　水

ヒアルロン酸誘導体のひとつ。ヒアルロン酸の肌なじみをよくし、保湿効果をアップさせている。

水溶性コラーゲン　水

真皮に存在するタンパク質でつくりが大きいため、皮膚上に水分を引き寄せるヴェールをつくり、持続性のある保湿効果を有する。動物由来のタイプから魚由来のタイプまで開発されている。

レチノール〔ビタミンA油〕

角質の代謝・分裂を促進して天然保湿因子を増産、肌の水分保持力を上げる。

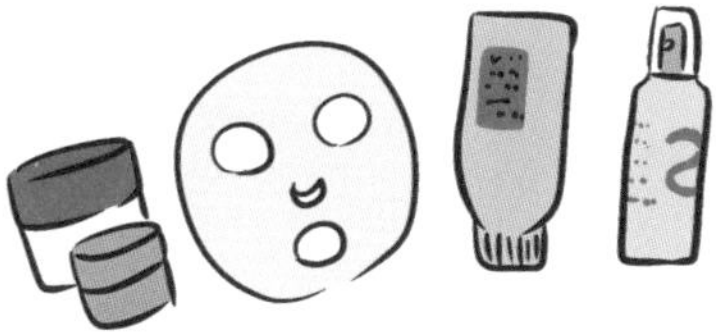

ライスパワー® No.11〔米エキスNo.11〕 医

皮膚水分保持能の改善作用が認められる医薬部外品有効成分。

ヘパリン類似物質 医

ヒルドイド®（P221）に用いられるものと類似した有効成分（医薬品に使われているものとはグレード等が違うといわれている）。肌の血行を促進して角質の代謝を促すことで水分保持能を改善する。

酢酸トコフェロール〔酢酸DL-α-トコフェロール、ビタミンE誘導体〕

ビタミンE誘導体。肌の血行促進作用や肌あれ改善効果を持つ。

アミノ酸類 水

アスパラギン酸・アラニン・アルギニン・グリシン・セリン・ロイシン・ヒドロキシプロリンなど。ベタインと同様に水分となじみやすく保湿成分として多用される。

PCA-Na 水

皮膚の角層に存在し、角層の水分を守っているNMF（天然保湿因子）の代表的なアミノ酸系保湿成分。少量で高い保湿効果を発揮することができる。「ピロリドンカルボン酸ナトリウム」の略。

乳酸 水

α-ヒドロキシ酸の一種でケミカルピーリング剤に用いられる。化粧品配合ではピーリング効果は弱いが若干の皮膚刺激が懸念される。

グリセリン 水

保湿力がとても高く、しっとりとしたうるおいを長時間キープしてくれる優秀な保湿剤。皮膚にも存在している成分なので安全性が高く低刺激。水となじむと発熱するためホットクレンジングなどに高配合されるのも特徴。植物由来のものが広く使用される。

BG〔1,3-ブチレングリコール〕 水

日本で最も汎用される保湿剤のひとつ。低刺激性で敏感肌用化粧品の主成分に多用されている。使用感はさっぱりで適度な保湿感とベタつかないのが特徴。合成のものが多いが植物由来のものも存在。菌が育ちにくい環境をつくる弱い防腐効果もある。

ポリグルタミン酸 水

納豆菌などの微生物発酵によって得られるバイオ由来ポリマー。ヒアルロン酸Na以上の保湿効果と、NMFのもととなるフィラグリンを増やす効果がある。

ワセリン 油

水分蒸散抑制効果は別格

ミネラルオイルと同じで石油から得られるが、ミネラルオイルが液状なのに対し、ワセリンはペースト（半固形）状である。水分の蒸散を防ぐ（オイルシール）効果が非常に高い。

3-ラウリルグリセリルアスコルビン酸

乾燥＆敏感肌対策２つのアプローチを持つビタミンC誘導体

ビタミンC誘導体のひとつ。セラミド産生を増やす効果や敏感肌で見られる神経線維の伸長を抑制する効果が確認されている。

グリチルリチン酸ジカリウム〔グリチルリチン酸2K〕 医

カンゾウ（甘草）の根のエキスから得られる成分で、疑似ステロイド様作用によりかゆみや炎症を抑制する。

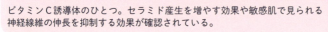

② 洗顔料、ボディソープ

ラウレス-4カルボン酸Na

界

石けんと似たような構造・性質を持ちつつも弱酸性で「酸性石けん」と呼ばれることもある。比較的高い洗浄力を持ちながら低刺激。ラウレスの後ろの数字は「3,4,5,6」のどれかが一般的。

ココイルグルタミン酸Na

界

低刺激性で弱めの洗浄力。低刺激シャンプー剤などに配合されている。

ラウロイルメチルアラニンNa

界

アミノ酸系界面活性剤の一種で、低刺激な洗浄成分である。弱酸性で安定。低刺激シャンプー剤などに適している。

要注意成分

尿素

肌の保湿成分として知られていますが、高濃度で使用すると肌のタンパク質を分解してしまうため刺激になってしまうデメリットがあります。手あれ対策の「尿素クリーム（医薬部外品）」などは尿素を10%以上配合しており、ガサガサになった角質を分解してしっとり感を得ています。過度に固まった皮膚に使うのはよくても、単純な保湿剤ではないため高濃度の尿素は使い方に注意が必要です。化粧品に微量配合される場合はさほど問題ありません。

かずのすけ
COLUMN

乾燥肌や敏感肌を改善する一番の近道は？

乾燥肌や敏感肌で悩む人の多くは、「保湿力の高いスキンケア」を最優先に求める傾向があります。しかし乾燥肌で一番はじめに注意するべきなのは、スキンケア化粧品ではなくて「洗顔料やボディソープ」なのです。「洗顔料やボディソープを適切なアイテムに見直すことができれば、それが乾燥肌や敏感肌を改善する一番の近道になります。

本来人の肌というのは自動的に天然の保湿成分を分泌して適度に保湿された状態を維持するようにできています。しかしそれにもかかわらずどれだけ保湿しても乾燥してしまう…というのは、普段から使用している洗顔料やボディソープの洗浄力が強すぎて、肌に必要な保湿成分を洗いすぎてしまっているというケースが非常に多いのです。特にアトピー体質の人は石けんや市販のボディソープでは洗いすぎになりがちなので、注意しなければなりません。適切に優しく洗浄することができれば、肌本来の保湿成分をお肌に十分に残すことができるため、乾燥しにくくなります。スキンケア化粧品も高額なものをいくつも使わずとも最低限のアイテムで保湿できるようになるため、不要な成分と触れる機会が減り、敏感肌も改善していきます。

もしスキンケアをどれだけ高保湿のものにしても乾燥が改善されない場合はP65を参考に優しい洗浄力の洗浄アイテムを使用するとよいでしょう。ただし、洗浄力が低下しすぎると、肌に不要な汚れや皮脂などが残りすぎて、かえって肌あれしてしまうケースもあるため、洗浄力の調節は慎重に行う必要があります。

かずのすけ

言葉の美容液

保湿ケア選びは第二のステップ

乾燥肌&敏感肌は まず「洗いすぎ」を疑え！

TROUBLE 5

脂性肌・テカリ

脂性肌・テカリの原因

皮脂は毛穴の中にある皮脂腺から分泌され、気温や湿度などの環境条件や、肌のコンディションによって分泌量を調節しています。脂性肌とは、この皮脂分泌が過剰な状態のことで原因はさまざま。皮脂量が多くなると毛穴が開きっぱなしになり、おでこや鼻など、顔が慢性的にテカリやすくなります。また、皮脂が増えることでそれを分解してエサとしているアクネ菌などの表皮常在菌のバランスが乱れ、ニキビもできやすくなってしまうのです。

紫外線（UVB波）

培養脂腺細胞にUVB照射で皮脂量が増加したという報告がある

ホルモンバランス

思春期では性ホルモンの変化で一時的に増加する。女性は生理周期によっても増加

偏った食生活

揚げものや脂っぽい料理、甘いものを摂りすぎると皮脂の分泌が多くなるといわれている

間違ったスキンケア

1日に何度も洗顔したり、乾燥しているのに適切な保湿を怠ると、逆に肌は皮脂量を増やそうとすることも

ストレス

対人ストレスの影響でほおの皮脂分泌量が1.7倍に増加したという報告がある

皮脂が分泌されるメカニズム

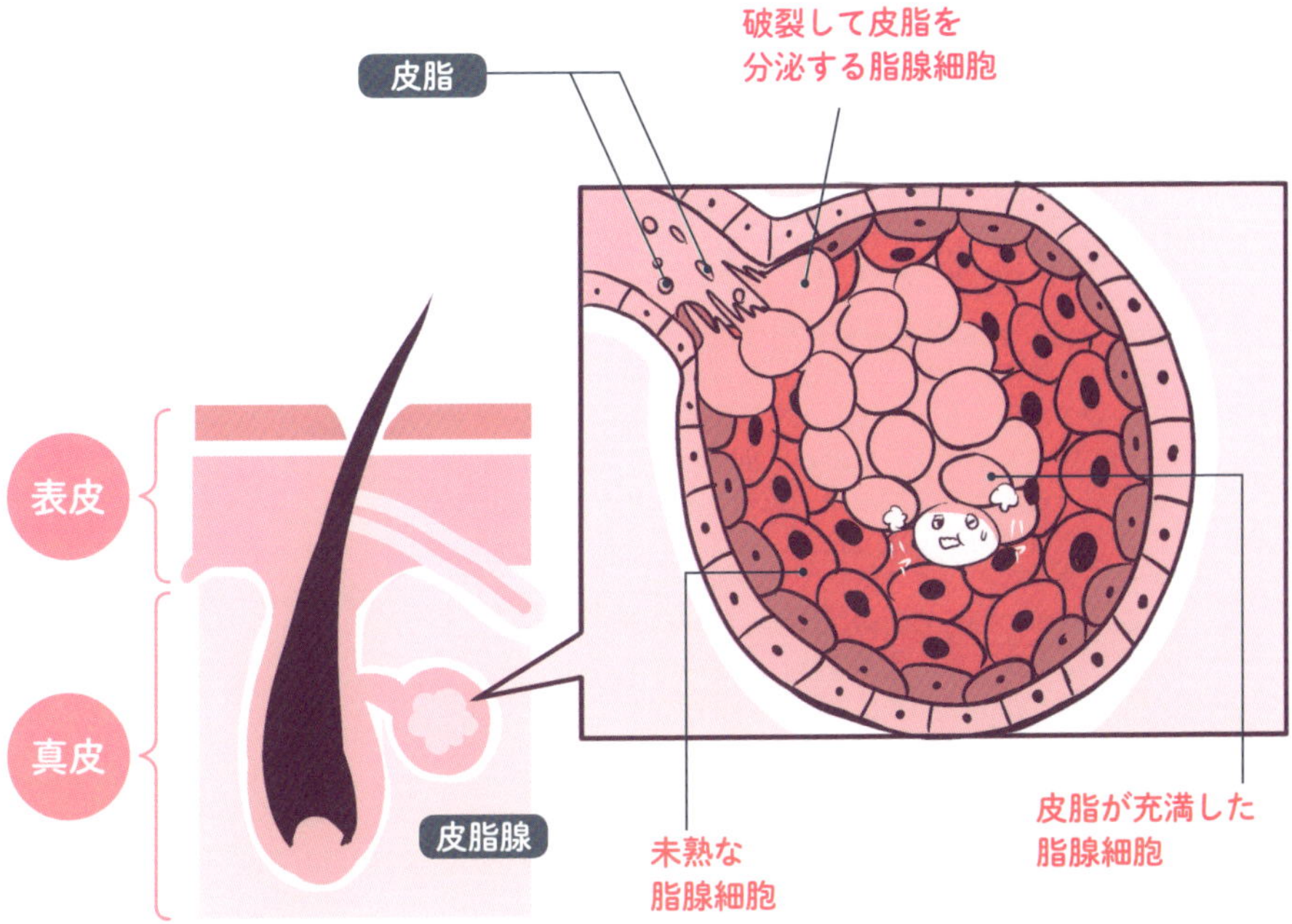

脂腺細胞が脂肪を溜めながら成長し、弾けたものが皮脂

脂性肌・テカリ ケアのポイント

脂性肌・テカリを改善するには、いかに肌に負担なく過剰な脂分をオフするかということ。必要以上に除去しようとすると肌にダメージを与えたり、乾燥したり、逆効果になることもあるので注意が必要です。

POINT 1

洗顔は1日2回まで 皮脂はとりすぎない

皮脂の分泌が盛んな思春期の脂性肌・テカリは正しい洗顔が大切。古くなった皮脂は肌への刺激の原因となるので、まずは洗顔で肌を清潔に保ちましょう。ただし、肌が乾燥する洗顔料を選んだり、脂っぽい肌をなんとかしようと1日に何度も洗ったり、あぶらとり紙を使いすぎるのはマイナスです。洗い上がりに違和感のない、自分の肌に合う洗顔料をしっかり泡立てて使いましょう。皮脂の分泌量が多くなりがちな朝と夕方以降の2回にとどめましょう。

洗顔料で毎回 洗わなくてもいい？

皮脂量が多いけど敏感肌の人や乾燥しやすい肌質の人は、朝晩洗顔料で洗うのは洗いすぎになってしまうことも。夜洗顔料を使って洗顔した場合、朝は洗顔料を使わず温かめのお湯のみでの洗顔だけでもよいです。もしくは朝洗顔用に洗浄力の優しいアミノ酸系の洗顔料などを用意しておくと便利。

POINT 2

部分ごとの スキンケア

20代以降の脂性肌・テカリの悩みはTゾーンなど部分的に皮脂量が多くなる部分ケアがポイント。10代と同じケアをしてしまうと、Uゾーンなど、皮脂分泌が少ない部位がオイル不足になり気づかないうちに乾燥してしまうこともあります。オイルコントロール系のアイテムを使うのはTゾーンのみ、洗顔後はUゾーンにだけオイルリッチなスキンケアを行うなど、部位ごとに分けたケアを行いましょう。

CHECK 肌悩み別
「美容成分選び」が
美肌への近道！

脂性肌・テカリに効果的な成分

成分名は医薬部外品or化粧品表示名称、〔　〕内は通称など

医　医薬部外品の有効成分

界　界面活性剤（P62）

シロクロ先生おすすめ

かずのすけおすすめ

① スキンケア類　化粧水、乳液、美容液、シートマスク、クリーム、オイル

（1）皮脂分泌抑制成分

ライスパワー®No.6　医

2017年に新たに認可された医薬部外品有効成分。皮脂腺の働きを抑制して皮脂分泌を抑える作用が実証されている（2018年4月より製品発売のため現状では効果の程度や詳しい安全性などは定かではない）。

フィチン酸

ライスミルクに含まれる成分でヒト試験において皮脂抑制効果が実証されている。

ピリドキシンHCl〔塩酸ピリドキシン、ビタミンB6誘導体〕

皮脂を抑制する効果のあるビタミンB6の誘導体。欠乏すると脂漏性皮膚炎などを起こすと言われている。ニキビを防ぐことを謳った医薬部外品の有効成分として使用されることもある。

10-ヒドロキシデカン酸

ローヤルゼリー中に含まれる成分のひとつでローヤルゼリー酸とも呼ばれる。ニキビのもとになるコメドを溶解するなど皮脂分泌のコントロール効果が期待できる。

高配合すれば効果実感が得られた経験も

（2）皮脂吸着成分

酸化亜鉛〔亜鉛華〕

単独またはヒドロキシアパタイトなどとともに使用され、特に酸化や刺激のもととなる遊離脂肪酸を吸着する効果を有する。

シリカ〔無水ケイ酸〕

多孔質構造（たくさんの穴が開いた構造）を持つものは優れた吸油能を持っている。またサラサラとした使用感でベタつき感を抑える効果がある。

（3）抗酸化成分→皮脂の酸化を防ぐ

フラーレン

炭素がサッカーボール状に結合した構造を持つ。他の抗酸化剤より長時間効果が持続し、紫外線にも強い安定した抗酸化力がある。

トコフェリルリン酸Na〔dl-α-トコフェリルリン酸ナトリウム、ビタミンE誘導体〕

数少ない水溶性の
で抗炎症効果も
期待できる

油溶性のビタミンＥにリン酸を結合させ水溶性にしたビタミンＥ誘導体。皮膚内で高い抗酸化力を有するビタミンE(トコフェロール)に変換される。抗酸化効果の他、肌あれ防止効果がある。

アスタキサンチン〔ヘマトコッカスプルビアリスエキス〕

エビやカニ、オキアミなどの甲殻類やサケなどの魚類、ヘマトコッカスと呼ばれる藻などに広く存在する赤色色素のカロテノイドの一種。ビタミンEよりも高い抗酸化力があると言われている。アスタキサンチンを高濃度に含んだ「ヘマトコッカスプルビアリスエキス」として使われることもある。皮脂抑制効果のデータも。

リン酸アスコルビルMg、リン酸アスコルビル3Na〔APM、APS、ビタミンC誘導体〕

美白だけでなく、
高配合で効果あり
との報告も

ビタミンC（アスコルビン酸）の誘導体のひとつ。皮膚に吸収されながらリン酸が離れてビタミンCとなり、抗酸化力を発揮。即効型ビタミンCとも呼ばれる。マグネシウムは武田薬品工業、ナトリウムはカネボウ化粧品が開発。現在は、さまざまなメーカーで使用されている。皮脂の分泌を抑える効果が期待されている。

② 洗顔料、パック

カリ含有石けん素地〔石けん系洗浄剤〕 界

カリ石けんを含有する比較的低刺激の石けん。

オレイン酸Na/オレイン酸K〔石けん系洗浄剤〕 界

石けんの中では比較的低刺激かつ穏やかな洗浄力。

ラウレス-4カルボン酸Na〔カルボン酸系洗浄剤〕 界

酸性石けんと呼ばれる低刺激洗浄剤。比較的さっぱり洗えるのに皮脂を取りすぎないので、敏感肌で皮脂が多い肌質におすすめ。

ココイルグルタミン酸Na〔アミノ酸系洗浄剤〕 界

低刺激性で洗浄力が穏やかなので朝用洗顔料などにおすすめ。ラウロイルメチルアラニンNaと並んで低刺激シャンプー剤などに配合されている。

ラウロイルメチルアラニンNa〔アミノ酸系洗浄剤〕 界

アミノ酸系界面活性剤の一種で、低刺激の洗浄成分である。低刺激シャンプー剤などに適している。洗浄力が穏やかなので朝用洗顔料などにおすすめ。

洗顔料に入れると
無理なく皮脂汚れを
除去できるという
報告あり

ベントナイト〔モンモリロナイト〕

クレイ（泥）成分のひとつ。洗浄剤に使用すると皮膚表面の皮脂を効率的に除去できる。泥パックなど配合量が多いパックはスペシャルケアとして週１回程度使うのがポイント（使いすぎると乾燥を引き起こすことも）。

カオリン

クレイ（泥）成分のひとつ。洗浄剤に使用すると皮膚表面の皮脂を効率的に除去できる。配合量が多い、いわゆる泥パックはスペシャルケアとして週１回程度使うのがポイント（使いすぎると乾燥を引き起こすことも）。

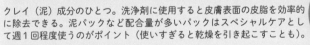

かずのすけ COLUMN

「肌を洗いすぎると皮脂が増える」噂の真相は？

かずのすけがTwitterで実施した「長期的に洗顔を強く頻繁に行うと皮脂量はどう変化しますか?」というアンケートでは、2707票のうち53%が「皮脂量が増える気がする」と答え、32%が「皮脂量に変化はない」、15%が「皮脂量が減る気がする」と答えました。このことは洗顔を強くしすぎると皮膚に刺激が与えられるため、それによって皮脂分泌が増えるのではないかとかずのすけは考えています（UVBやアクネ菌による刺激でも皮脂は増加する)。

皮脂が出るからといって強力な洗浄を過剰にするとかえって皮脂量が増えるともいい換えられるので、洗いすぎない適切な洗浄が求められます。

また皮脂テカリを防止するために「皮脂テカリ防止下地」などを使用する女性が多いですが、これらの下地には皮脂や汗に溶けにくいフッ素変性シリコーン樹脂などが配合されているものがあり、優しいクレンジングで落としにくいため、メイク汚れが毛穴につまりやすくなったり、強いクレンジング&洗顔をすることで肌が乾燥し、さらなる脂性肌を招く懸念もあります。

スキンケアでは水分主体の補給が基本ですが、乾燥による皮脂増加が原因のテカリの場合、適度な油分の補給も大切。またTゾーンなど部分的に皮脂が多いところと皮脂が少なく乾燥しやすいUゾーンのお手入れを分けるのもポイント。皮脂抑制効果が期待される成分を取り入れるのもOKです。

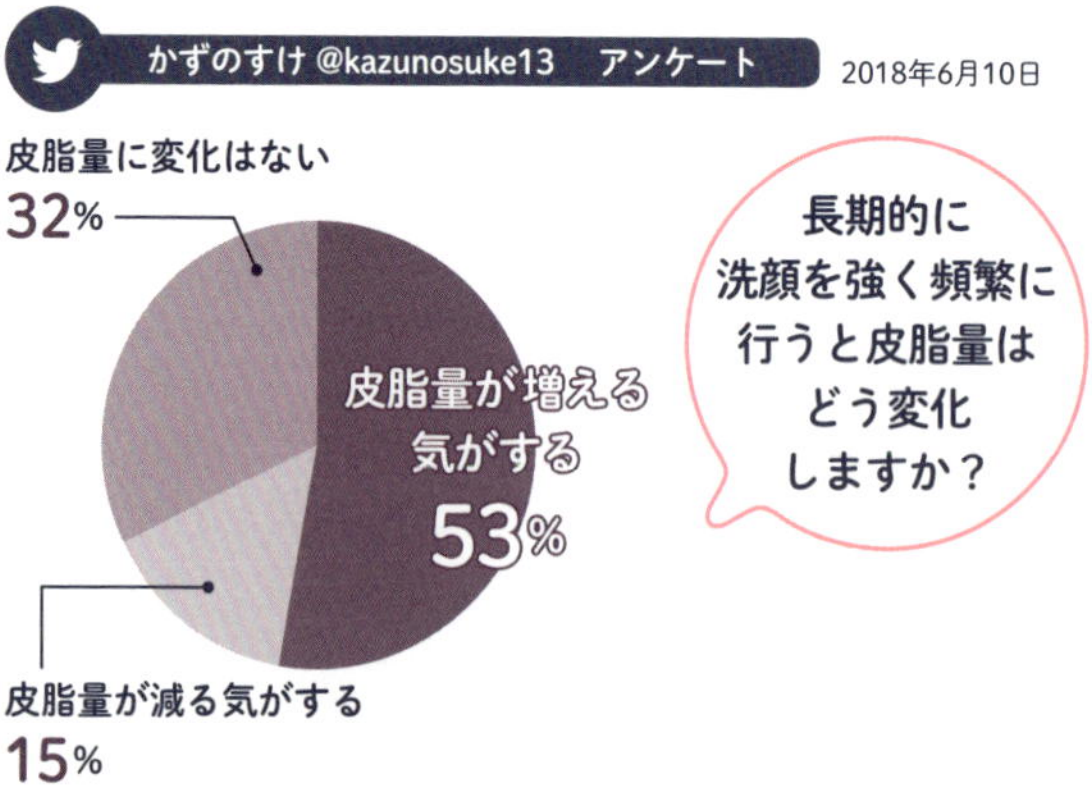
かずのすけ @kazunosuke13　アンケート
2018年6月10日
長期的に洗顔を強く頻繁に行うと皮脂量はどう変化しますか？
皮脂量に変化はない 32%
皮脂量が増える気がする 53%
皮脂量が減る気がする 15%

シロクロ先生 美肌の処方箋

気をつけるべきは、過剰な洗顔を避けること。
勘違いスキンケアで肌のバランスをより乱してしまうことも。

TROUBLE 6

毛穴・角栓

毛穴はなぜ目立つの？

顔に約20万個あり皮脂を分泌している毛穴。毛穴の数は年を重ねても変わりません。毛穴から分泌される皮脂は肌を外部から守るバリア機能だけでなく、汗と一緒に体の中の老廃物を排出するというデトックス機能も果たしています。ブツブツ・ザラザラで気になる毛穴は、大きく分けて「つまり毛穴（角栓づまり）」と「たるみ毛穴」の2つのタイプに分けられます。2つのタイプともにターンオーバーが乱れることによる「角《かく》化《か》亢進《こうしん》」がひとつのキーワード。角化亢進とは、炎症や刺激などによって、角

つまり毛穴のしくみ

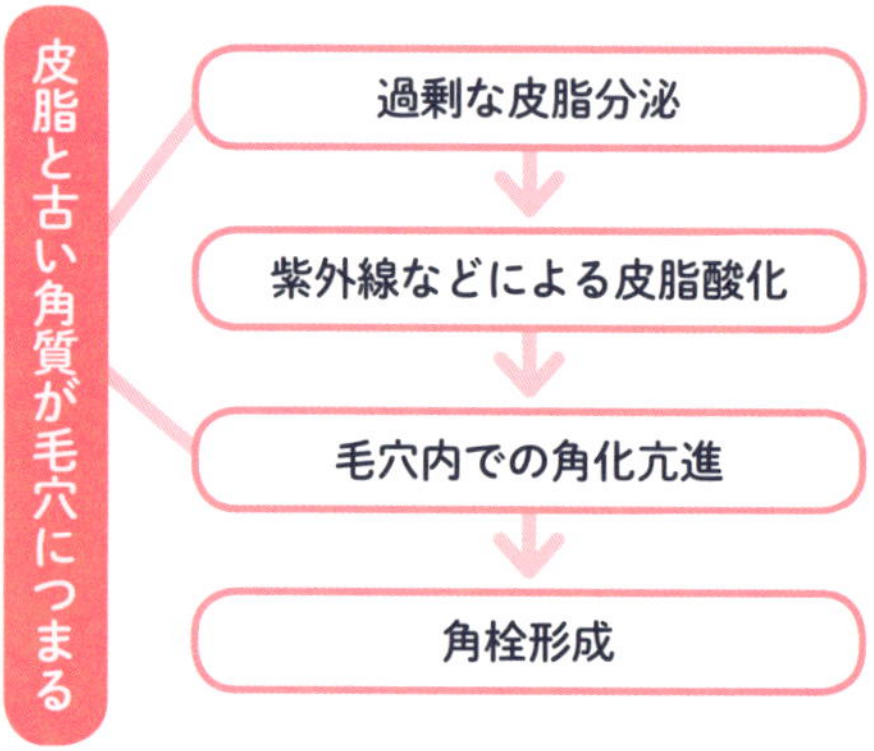

たるみ毛穴のしくみ

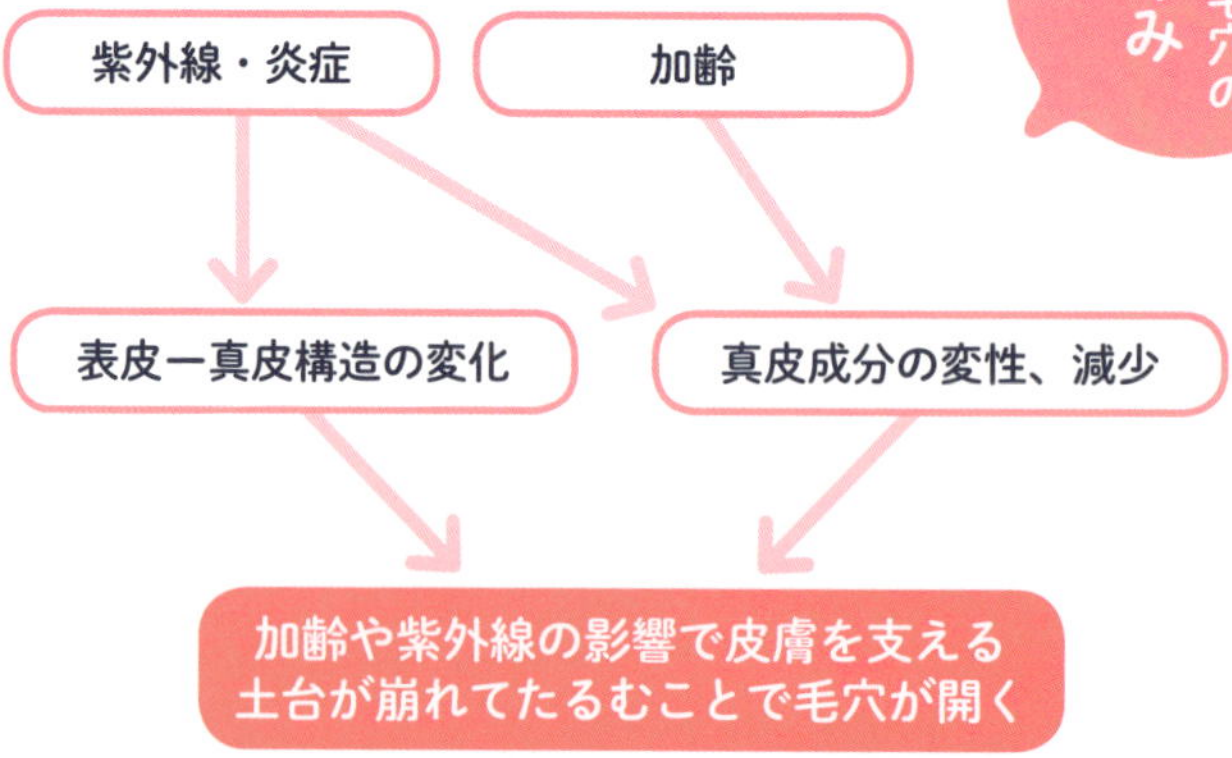

化細胞のターンオーバーが早まり、角化異常が起きて角層が厚くなってしまうこと。角化が亢進すると、スムーズにはがれ落ちるべき角層がはがれにくくなり、蓄積していってしまうのです。

つまり毛穴の原因・特徴

10～20代に多い

古い角質や皮脂などが排出されずに毛穴に残った状態。つまり毛穴は2タイプあり、皮脂分泌が多いTゾーンに目立つのが特徴。

1 角栓がつまる

過剰な皮脂と角質、汚れが混ざり合って角栓となり、毛穴の出口につまっている状態。時間が経って酸化すると黒ずみ、ポツポツとした跡が目立つようになる。イチゴ毛穴、ブラックヘッドなどと呼ばれる。

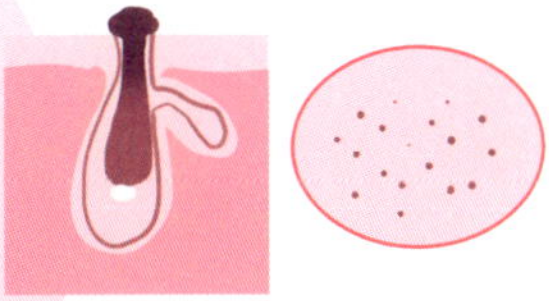

2 コメド※1ができる

ターンオーバーの乱れによって毛穴の入り口が塞がれ皮脂が外に出られずにつまっている状態。皮膚の内側にポツポツとしたふくらみができ、さわるとザラザラします。

たるみ毛穴の原因・特徴

40代以降に多い

皮膚がたるむことで毛穴周辺がすり鉢状に陥没し、毛穴が広がって見える

加齢により肌のハリや弾力が低下し、皮脂の過剰分泌などによる炎症の蓄積によって表皮が厚くなり、毛穴が開いたまま閉じなくなってしまった状態。ほおに多く見られる。毛穴は本来円形ですが、放っておくと重力により皮膚がたるみ、ランガー割線※2にそって楕円形や涙型に変化します。ひどくなるとつながって帯状になることも。

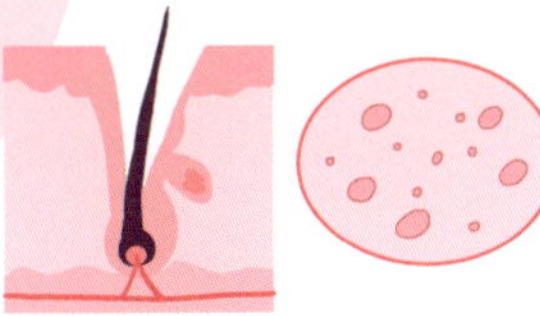

※1　コメドとは、ニキビの前段階で皮脂がたまり始めている状態の毛穴のこと。日本語では「面ぽう」。「白ニキビ」や「黒ニキビ」と呼ばれることもある（P153）

※2　皮膚の内側にある皮膚細胞の境目

毛穴ケアのポイント

つまり毛穴（角栓づまり）の要因のひとつは皮脂。皮脂自体が角栓の芯となったり、酸化した皮脂が角化亢進（P142）の原因となったりすることで毛穴がつまり、角栓が成長することにつながります。つまった皮脂を落とすためには十分な洗顔が必要。洗顔後には保湿ケアをすることを忘れずに。

POINT 1

「クレンジング」と「洗顔」のW洗顔がおすすめ！

皮脂の主成分でもある油脂を多く含むオイルクレンジングやクレンジングクリーム、洗顔料の両方でしっかりケアしましょう。ただし、洗いすぎや肌への刺激が過剰な皮脂を誘引する可能性があるため、洗顔料はつっぱり感を感じないものを選び、しっかりと泡立て、こすらず優しく洗うことを心がけましょう。

POINT 2

週1回・月1回のスペシャルケア

「日常のクレンジングと洗顔だけではなかなか改善しない」そんな人は角層をはがれやすくする酵素（プロテアーゼなど）やクレイ成分の入った洗顔料を使うのもひとつの方法。ただし、酵素はフルーツアレルギーのある人や敏感肌の人には合わない場合があるので、違和感を感じたらすぐに使用を中止してください。また、皮脂分泌が過剰な状態が続く場合はクレイパックも有効ですが、やりすぎると逆効果になることもあるので週1回程度のスペシャルケアとして取り入れて。また、毛穴パックは角栓を除去することに効果はありますが、肌への負担も大きくバリア機能を低下させてしまう可能性があるため、月1～2回程度の使用にとどめましょう。また、パックの後は保湿ケアをしっかりと。

POINT 3

おすすめしないケア

毛穴を一時的に引き締める効果のある収れん化粧水などはエタノール（P50）などの微弱刺激成分が多めに入っています。そのため、肌にダメージを与えて炎症を悪化させてしまう懸念があるので使用には注意が必要です。また、古い角質を落としてくれると人気のピーリングジェル（ゴマージュジェル）はゲル化剤を固めて転がしているだけなので、角栓除去効果はさほど大きくありません。

CHECK 肌悩み別
「美容成分選び」が
美肌への近道！

毛穴に
効果的な成分

成分名は医薬部外品or化粧品表示名称、〔　　〕内は通称など

つ　つまり毛穴におすすめ　た　たるみ毛穴におすすめ

シロクロ先生おすすめ

かずのすけおすすめ

1 スキンケア類　化粧水、乳液、美容液、シートマスク、クリーム、オイル

（1）皮脂分泌抑制成分

ライスパワー® No.6　つ

2017年に新たに認可された医薬部外品有効成分。皮脂腺の働きを抑制して皮脂分泌を抑える作用が実証されている（2018年4月より製品発売のため現状では効果の程度や詳しい安全性などは定かではない）。

フィチン酸　つ

ライスミルクに含まれる成分でヒト試験において皮脂抑制効果が実証されている。

ピリドキシンHcl〔塩酸ピリドキシン、ビタミンB6誘導体〕　つ

皮脂を抑制する効果のあるビタミンB6の誘導体。欠乏すると脂漏性皮膚炎などを起こすといわれている。ニキビを防ぐことを謳った医薬部外品の有効成分として使用されることもある。

10-ヒドロキシデカン酸　つ

ローヤルゼリー中に含まれる成分のひとつでローヤルゼリー酸とも呼ばれる。ニキビのもとになるコメドを溶解するなど皮脂分泌のコントロール効果が期待できる。

高配合すれば効果実感が得られた経験も

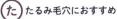

（2）ピーリング成分

乳酸、ホエイなどα-ヒドロキシ酸を含むもの　つ

マイルドなピーリング効果のあるものであれば有用。単に角層を剥離するのではなく、肌に元々ある角層剥離酵素の働きをサポートする効果もある。乳酸はNMF成分のひとつ。

（3）抗炎症成分→角栓のできやすい肌は微弱な炎症状態のため抗炎症成分がおすすめ

グリチルリチン酸ジカリウム〔グリチルリチン酸2K〕　つ

古くから
使われる
抗炎症成分で
安心感あり

カンゾウ（甘草）の根に含まれる甘味成分グリチルリチン酸の水溶性を高めたもの。抗炎症効果や敏感肌症状改善効果があるといわれており、汎用される抗炎症剤のひとつである。

グリチルレチン酸ステアリル〔グリチルリチン酸誘導体〕　つ

カンゾウ（甘草）の根に含まれるグリチルレチン酸（グリチルリチン酸誘導体）の油溶性を高めたもの。疑似ステロイド作用による抗炎症成分。グリチルリチン酸ジカリウムが水溶性、グリチルレチン酸ステアリルが油溶性。

アラントイン　つ

抗炎症と
創傷治癒の
W効果

コンフリー（ムラサキ科の多年草）の葉やかたつむりの粘液などに含まれる水溶性の抗炎症成分。創傷治癒効果もあるとされる。皮膚の活性を促進して傷を治癒する働きがあり、医薬品の創傷治療剤としても用いられている。

ε-アミノカプロン酸〔アミノカプロン酸〕　つ

トラネキサム酸（P96）と同じく人工的に合成されたアミノ酸。抗炎症作用や止血作用がある。炎症のシグナル成分（プラスミン）の働きを阻害することで肌あれを改善する。医薬品では止血剤としても用いられている。

（4）抗酸化成分→皮脂の酸化は炎症を引き起こし角栓をできやすくします。
また抗酸化力の高い成分は真皮の変性を予防することでたるみ毛穴にも

フラーレン

つ た

炭素がサッカーボール状に結合した構造を持つ。他の抗酸化剤より長時間効果が持続し、紫外線にも強い安定した抗酸化力がある。

トコフェリルリン酸Na〔dl-α-トコフェリルリン酸ナトリウム、ビタミンE誘導体〕

数少ない水溶性の
で抗炎症効果も
期待できる

つ た

油溶性のビタミンEにリン酸を結合させ水溶性にしたビタミンE誘導体。皮膚内で高い抗酸化力を有するビタミンE（トコフェロール）に変換される。抗酸化効果の他、肌あれ防止効果がある。

アスタキサンチン〔ヘマトコッカスプルビアリスエキス〕

つ た

エビやカニ、オキアミなどの甲殻類やサケなどの魚類、ヘマトコッカスと呼ばれる藻などに広く存在する赤色色素のカロテノイドの一種。ビタミンEよりも高い抗酸化力があるといわれている。アスタキサンチンを高濃度に含んだ「ヘマトコッカスプルビアリスエキス」として使われることもある。ヒト皮膚試験でシワ改善効果確認済み（医薬部外品未承認）。

ユビキノン〔コエンザイムQ10、CoQ10〕

つ た

エネルギー代謝にかかわる重要な成分で、抗酸化効果を持つ。化粧品のネガティブリスト（P213）に収載されており、配合制限がある。

リン酸アスコルビルMg、リン酸アスコルビル3Na〔APM、APS、ビタミンC誘導体〕

つ た

美白成分としても
優れているが
高配合で
ニキビにも
効果あり

ビタミンC（アスコルビン酸）の誘導体のひとつ。皮膚に吸収されながらリン酸が離れてビタミンCとなり、抗酸化力を発揮。即効型ビタミンCとも呼ばれる。マグネシウムは武田薬品工業、ナトリウムはカネボウ化粧品が開発。現在は、さまざまなメーカーで使用されている。皮脂の酸化を抑制する働きにより皮脂の分泌を抑える効果が期待されている。

（5）真皮アプローチ成分→たるみ毛穴は真皮をターゲットとしたケアも重要

パルミチン酸アスコルビルリン酸3Na〔ビタミンC誘導体〕 た

コラーゲン生成促進効果、抗酸化効果のあるビタミンC（アスコルビン酸）の機能を利用した成分で、より深部に届くように設計されたビタミンC誘導体。ただし水の存在で分解しやすく処方化が難しい。

3-O-セチルアスコルビン酸〔ビタミンC誘導体〕 た

安定性に優れたビタミンC誘導体で、コラーゲンの線維の束の形成を促すことでシワを抑える。

パルミトイルトリペプチド-5 た

真皮のコラーゲンの合成を促すことでシワを改善するといわれている合成ペプチド。

ジパルミトイルヒドロキシプロリン た

コラーゲンの必須アミノ酸であるヒドロキシプロリンの誘導体。エラスチン分解酵素の働きを整える効果も。

（6）シワや毛穴を物理的に目立たなくさせる「ソフトフォーカス（ぼかし）」効果を持つパウダーがスキンケア化粧品に使用される例が増えています

ナイロン-6 つ た

ナイロン系の合成ポリマーで、多孔質のタイプにソフトフォーカス効果が確認されている。

（1，4-ブタンジオール／コハク酸／アジピン酸／HDI）コポリマー つ た

合成ポリマーでシリカと組み合わされたものにソフトフォーカス効果の他、テカリ、ベタつきを抑える効果もある。

（ビニルジメチコン／メチコンシルセスキオキサン）クロスポリマー つ た

シリコーン由来の球状パウダー。他のパウダーに比べ、やわらかくなめらかな使用感が特徴。

② 洗顔料、クレンジング

マカデミア種子油 つ た

マカデミアの種子から得られる液状油脂。他の植物油と違い、人間の皮脂に含まれるパルミトオレイン酸を多く含み（約20%）、肌の柔軟効果大。

アボカド油 つ た

アボカドの果肉から採取して得られる植物油。他の植物油と違い、人間の皮脂に含まれるパルミトオレイン酸を多く含み（約6%）、肌の柔軟効果大。

コメヌカ油、オリーブ果実油、馬油 つ た

油脂の一種で主成分の脂肪酸の組成によってさまざまな性質になる。オレイン酸などの不飽和脂肪酸を多く含む油脂の場合、肌なじみがよく柔軟作用がある。

アルガニアスピノサ核油 つ た

アルガン樹の種子から得られ、一般的に「アルガンオイル」と呼ばれる。オレイン酸、リノール酸が多いのが特徴で抗酸化成分（ビタミンEなど）も多く含む。オリーブよりもリッチ感があり、コールドプレス等で得たものはそのままスキンケア製品として使うことも。

酵素類〔パパイン、プロテアーゼ、リパーゼなど〕 つ

パパイン、プロテアーゼはタンパク質（古い角層）を、リパーゼは皮脂を分解する酵素。古い角質や皮脂を化学的に分解する。

カオリン、ベントナイト〔モンモリロナイト〕などの粘土鉱物 つ

皮脂を吸着する効果が期待できる。

かずのすけ COLUMN

頑固な毛穴づまりも優しくオフ！「油脂系オイルクレンジング」を使ったかずのすけ流毛穴ケア

毛穴がつまる原因のひとつである「角栓」は、角質のタンパク質と皮脂が固まったもの。P40で説明した皮脂と類似成分である「油脂系オイル」クレンジングを塗布してしばらく待っていると、じわじわと角栓を軟化して洗浄しやすくしてくれます。毛穴が硬くざらついている場合は、入浴しながら10～15分おくとより効果的（必ず顔の水滴を拭ってから塗布します）。油脂だけでは角栓そのものを溶かすことはできませんが、油脂の柔軟効果で毛穴周辺の皮膚をやわらかくし、普段から角栓が溜まりにくくなります。肌への負担が少ないので、敏感肌の人にもおすすめ。過度の毛穴ケアは毛穴周辺にダメージを与えて悪化してしまうこともあるので、「あまり気にしすぎない」ことを徹底しましょう。

毛穴の気になる部分に油脂系オイルクレンジングを適量塗ります。肌をできるだけこすらないように、優しくなじませます。

そのままの状態で5～15分放置。その間に入浴したり、角栓の状態によってはクルクルと軽くマッサージをしてもOK。

時間経過後、軽くなじませてからぬるま湯で洗い流し、洗顔を行います（乾燥を感じる場合、W洗顔は省いてもOK）。

黒ずみ程度なら1回でかなりきれいに。ひどい場合は毎日～数日おきに1ヶ月程度繰り返すと、だんだん毛穴の状態が改善していきます。

毛穴対策の基本は「こすらない・はがさない・むやみに引き締めない」優しいスキンケアが毛穴レス肌の秘訣！

TROUBLE 7

ニキビ・大人ニキビ

ニキビの種類と原因

ニキビには、皮脂の分泌が盛んになり始めることでできる「思春期ニキビ」と、大人になってから同じ場所に繰り返しできる「大人ニキビ」、さらに思春期ニキビや大人ニキビから派生して何十年とその状態が続く「慢性ニキビ（重症ニキビ）」の３つがあります。

1 思春期ニキビ

- **年齢** 10代
- **症状** 白ニキビ・黒ニキビ・赤ニキビ・黄ニキビ、ニキビ跡（ニキビによる色素沈着、クレーター）
- **主な原因** ホルモンバランスの変化による過剰な皮脂分泌（脂性肌・テカリP134参照）

2 大人ニキビ

- **年齢** 20～40代に多い
- **症状** 白ニキビ・赤ニキビ
- **主な原因** ホルモンバランスの変化や不規則な生活習慣、食生活、乾燥によるターンオーバーの乱れなど

3 慢性ニキビ（重症ニキビ）

- **年齢** 年齢問わず（思春期以降～40歳程度までが多い）
- **症状** 白ニキビ・赤ニキビ・黄ニキビ、ニキビ跡などすべて
- **主な原因** 思春期ニキビ・大人ニキビいずれかのケアが不適切でそのままのケアを長期にわたり継続してしまったことによる（殺菌剤等の長期使用など）

ニキビができるメカニズム

ニキビのはじまりは毛穴のつまり。毛穴につまった皮脂を栄養に皮膚常在菌の「アクネ菌」が増殖し、増えすぎたアクネ菌が毛穴の中で炎症を起こしてニキビになります。

正常な毛穴では皮脂腺でつくられた皮脂が肌表面に分泌され皮脂膜をつくり、肌を弱酸性に保ちながら保護している。また皮膚常在菌であるアクネ菌もおとなしくしている。

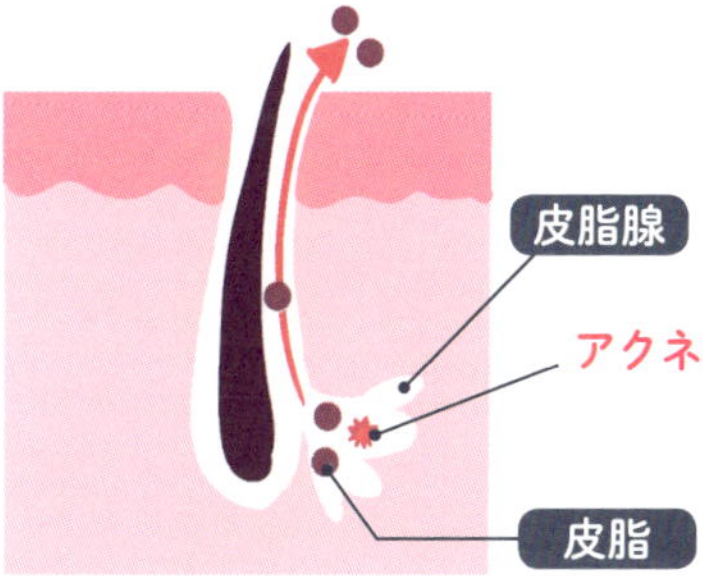

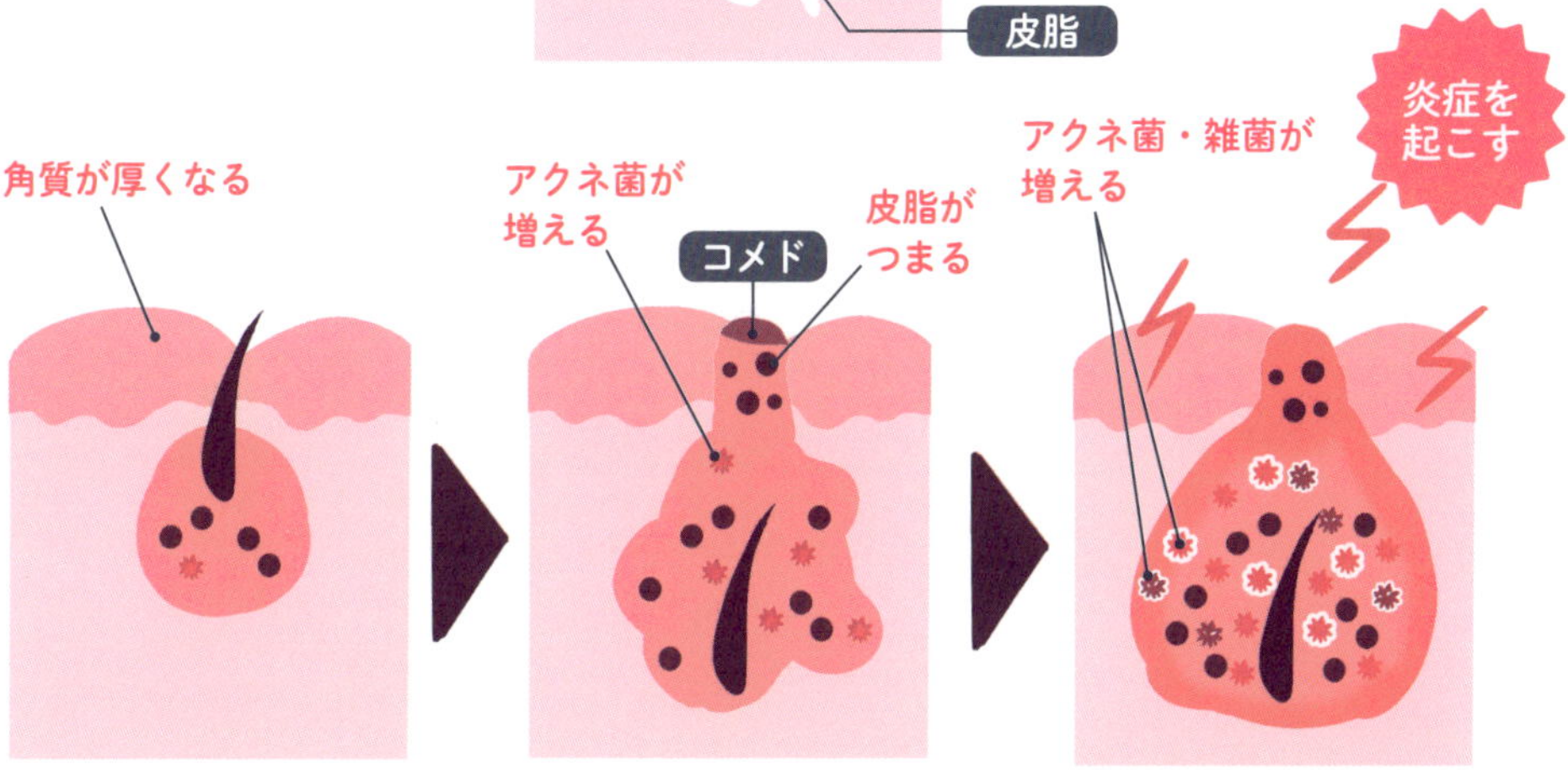

さまざまな原因により毛穴周りの角質が厚くなると毛穴の出口が狭くなり、皮脂がつまりやすい状態になる。

やがて角層や皮脂によって毛穴がつまってしまい、コメド※ができる。毛穴がつまると、アクネ菌が増えやすい環境になってしまう。このとき、毛穴が白く見えるのが「白ニキビ」、さらにそれが黒ずんで見えるのが「黒ニキビ」。

溜まった皮脂を栄養にアクネ菌がさらに繁殖し炎症を起こし「赤ニキビ」となる。さらに膿となって「黄ニキビ」となる。この状況が繰り返されたりひどくなるとクレーターになってしまう。

ニキビは 白 ⇒（黒）⇒ 赤 ⇒ 黄色 と進化します

※コメド　毛穴に皮脂や角栓がつまった状態のこと。「面ぽう」とも呼ばれる。

ニキビケアのポイント

① 思春期ニキビ

一時的な皮脂増加による思春期ニキビには、洗顔が最も大切！ 脂性肌・テカリと同様のケア（Ｐ１３６参照）が基本ですが、中・高生ではこれまでスキンケアを一切していない場合も多く、適切な洗浄と保湿によるスキンケアを行うだけで緩和する場合もあります。また、ホルモンバランスが安定すれば自然と治癒します。

POINT 1
洗顔は朝と夜の１日２回

思春期は皮脂の分泌が盛ん。古くなった皮脂は肌への刺激の原因となるので、肌を清潔に保ちましょう。石けんなど、比較的洗浄力の高い洗顔料で朝と夜にTゾーンを中心にしっかりめに洗顔するのがポイントです。

POINT 2
殺菌剤配合の薬用化粧品は週に１～２回のスペシャルケアで！

ニキビ用の薬用化粧品には、ニキビの原因であるアクネ菌が過剰に増殖することを防ぐ目的で「殺菌剤」が配合されているものが多くあります。殺菌剤の即効性は高いですが、依存してしまうと皮膚の常在菌のバランスを乱し、慢性ニキビにつながる懸念も。殺菌剤配合の洗顔料を使ったスキンケアは必ずしも毎日行う必要はなく、週に1～2回、皮脂が多いなと感じたときのみに使うようにしましょう。

POINT 3
油分を控えてしっかり保湿

アクネ菌は皮脂などの油脂を栄養にして増えます。クリームは油脂を含むものは控え、水分中心の保湿を心がけましょう。抗炎症作用のある薬用化粧品もおすすめです。また、メイク後にオイル系クレンジングを用いる場合はW洗顔を行い、油分を残さないように気をつけましょう。

② 大人ニキビ

肌の水分・油分のバランスが乱れ、肌のバリア機能（P79）が低下している大人ニキビは、思春期ニキビとは全く違ったケアが必要です。クレンジングや洗顔料などを変更した直後にニキビが多発する場合は洗顔不足が考えられますが、洗浄力は強すぎるのはもちろん、弱すぎるのもNGなのでアイテムの見直しを！

POINT 1

殺菌剤配合の薬用化粧品はNG！

ニキビ用の薬用洗顔料、薬用化粧品に配合されている殺菌剤は、肌バリアが低下した肌にとってダメージのもとになる場合が多くあります。気づかずに使い続けると悪化することがあるため、抗炎症成分が配合されたものを使用するようにしましょう。

POINT 2

洗顔料はさっぱりとした洗い上がりは避け、肌に優しいもの、自分に合うものを！

「ニキビができるのは油分が多いから」とさっぱりとした洗い上がりのものを使いがち。肌の油分が多いのではなく、水分が少なくバランスが崩れているため、丁寧なクレンジング、優しい洗顔、適切な保湿など、肌をいたわるスキンケアを心がけましょう。

POINT 3

保湿ケアが超重要！抗酸化成分もプラスして

洗顔料同様、ニキビケアにはさっぱりしたアイテムをイメージする人も多いと思いますが、むしろしっとりすぎるくらいのケアが必要。ただし、皮脂など油分の酸化は炎症を引き起こしニキビやコメドをできやすくするため、油分の多いものは避けましょう。酸化、分解された皮脂が治りにくいニキビの再発原因になることもあるので、抗酸化成分が配合されたものもおすすめです。

③ 慢性ニキビ（重症ニキビ）

思春期ニキビや大人ニキビに間違ったケア（特に殺菌剤）を長い間続けた結果、常在菌や角層状態に異常をきたしてしまうと、やがて重症化します。スキンケアで簡単に改善できるものではありません。重症ニキビの治療を専門としているクリニックでの適切な治療が必要になります（通常の皮膚科の保険診療では治療不可能のケースも）。

肌悩み別
「美容成分選び」が
美肌への近道！

ニキビに効果的な4つの成分

成分名は医薬部外品or化粧品表示名称、〔　〕内は通称など

医 医薬部外品の有効成分　思 思春期ニキビに有効な成分　大 大人ニキビに有効な成分　大（×）大人ニキビにNGな成分

シロクロ先生おすすめ

かずのすけおすすめ

① 皮脂分泌抑制成分

ライスパワー®No.6　医 思

2017年に新たに認可された医薬部外品有効成分。皮脂腺の働きを抑制して皮脂分泌を抑える作用が実証されている（2018年4月より製品発売のため現状では効果の程度や詳しい安全性などは定かではない）。

ピリドキシンHCl〔塩酸ピリドキシン、ビタミンB6誘導体〕　医 思

皮脂を抑制する効果のあるビタミンB6の誘導体。欠乏すると脂漏性皮膚炎などを起こすといわれている。医薬部外品の有効成分として使用されることもある。

10-ヒドロキシデカン酸　思 大

高配合すれば効果実感が得られた経験も

ローヤルゼリー中に含まれる成分のひとつでローヤルゼリー酸とも呼ばれる。ニキビのもとになるコメドを溶解するなど皮脂分泌のコントロール効果が期待できる。

② 抗炎症成分（医薬部外品有効成分）

⇨長期間使用し続けると肌バリア機能が低下して炎症を起こしやすい状態になるので要注意！

グリチルリチン酸ジカリウム〔グリチルリチン酸2K〕　医 思 大

カンゾウ（甘草）の根に含まれる甘味成分グリチルリチン酸の水溶性を高めたもの。抗炎症効果や敏感肌症状改善効果があるといわれ、汎用される抗炎症剤のひとつ。

グリチルレチン酸ステアリル

医　思　大

カンゾウ（甘草）の根に含まれるグリチルレチン酸（グリチルリチン酸誘導体）の油溶性を高めたもの。疑似ステロイド作用による抗炎症成分。グリチルリチン酸ジカリウムが水溶性、グリチルレチン酸ステアリルが油溶性。

アラントイン

医　思　大

コンフリー（ムラサキ科の多年草）の葉やかたつむりの粘液などに含まれる水溶性の抗炎症成分。創傷治癒効果もあるとされる。皮膚の活性を促進して傷を治癒する働きがあり、医薬品の創傷治療剤としても用いられている。

抗炎症と
創傷治癒の
W 効果

ε-アミノカプロン酸〔アミノカプロン酸〕

医　思　大

トラネキサム酸（P96）と同じく人工的に合成されたアミノ酸。抗炎症作用や止血作用がある。炎症のシグナル成分（プラスミン）の働きを阻害することで肌あれを改善する。医薬品では止血剤としても用いられている。

③ 殺菌成分（医薬部外品有効成分）

⇨大人ニキビでは肌のバリア機能が低下して悪化することもあるのでNG！

イソプロピルメチルフェノール、シメン-5-オール〔o-シメン-5-オール〕

医　思　大

幅広く使用される殺菌剤。アクネ菌の他、背中ニキビの原因菌とされるマラセチア菌に対する効果も確認されている。

イオウ

医　思　大

石油の精製過程で得られる。角質軟化作用が高い。古くからレゾルシンとともに使用されている。

レゾルシン

医　思　大

化学合成で得られる成分で、殺菌効果の他、角質溶解作用がある。古くからイオウとともに使用される。

サリチル酸

医 思 大

化学合成によって得られる成分であるが､自然界にも広く存在する。殺菌効果の他､角質溶解効果があり､ピーリング剤としても使用されることがある。

④ 抗酸化成分

フラーレン

思 大

炭素がサッカーボール状に結合した構造を持つ。他の抗酸化剤より長時間効果が持続し、紫外線にも強い安定した抗酸化力がある。

トコフェリルリン酸Na（dl-α-トコフェリルリン酸ナトリウム、ビタミンE誘導体）

医 思 大

油溶性のビタミンEにリン酸を結合させ水溶性にしたビタミンE誘導体。皮膚内で高い抗酸化力を有するビタミンE(トコフェロール）に変換される。抗酸化効果の他、肌あれ防止効果がある。

数少ない水溶性のビタミンE誘導体で抗炎症効果も期待できる

アスタキサンチン（ヘマトコッカスプルビアリスエキス）

思 大

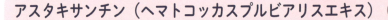

エビやカニ、オキアミなどの甲殻類やサケなどの魚類、ヘマトコッカスと呼ばれる藻などに広く存在する赤色色素のカロテノイドの一種。ビタミンEよりも高い抗酸化力があるといわれている。アスタキサンチンを高濃度に含んだ「ヘマトコッカスプルビアリスエキス」として使われることもある。ヒト皮膚試験でシワ改善効果の報告がある（医薬部外品未承認）。

ユビキノン（コエンザイムQ10、CoQ10）

思 大

エネルギー代謝にかかわる重要な成分で、抗酸化効果を持つ。化粧品のネガティブリスト（P213）に収載されており、配合制限がある。

美白成分としても
優れているが
高配合で
ニキビにも
効果あり

リン酸アスコルビルMg、リン酸アスコルビル3Na〔APM、APS、ビタミンC誘導体〕

医 思 大

ビタミンC（アスコルビン酸）誘導体のひとつ。皮膚に吸収されながらリン酸が離れてビタミンCとなり、抗酸化力を発揮。即効型ビタミンCとも呼ばれる。マグネシウムは武田薬品工業、ナトリウムはカネボウ化粧品が開発。現在はさまざまなメーカーで使用されている。皮脂の酸化を抑制する働きにより、皮脂の分泌を抑える効果が期待されている。

！要注意成分

油脂全般 P58

アクネ菌が活発化するため、油脂系の美容オイルやクリームなどに注意。

グリセリン P50

高濃度の場合、アクネ菌の資化性（エサとなり増殖する性質）があるとされる。

殺菌剤系 P157

長期継続するとかえって悪化する懸念あり。

プロテアーゼ P167、パパイン P168 など

敏感肌の場合は刺激になる場合があるので注意。

グリコール酸 P165 P168

AHA※で最も強い作用を持ち、高濃度では医療機関でケミカルピーリングに使用されている。

※AHA…Alpha Hydroxy Acid（α-ヒドロキシ酸、アルファヒドロキシ酸）の略。ピーリング作用のある酸性成分で、グリコール酸の他、よりマイルドな乳酸やリンゴ酸などがある。pHを調整することで刺激感やピーリング効果を調整することができる。

Q ニキビ跡ってなぜできるの？

A ニキビケアでもうひとつ大事なのが炎症に対するケアです。炎症はいわば原因菌と体の戦争。その戦争が激しくなればなるほど、戦いの場になってしまった肌のダメージは大きくなり、ニキビ跡が残ってしまうことも。炎症がひどくならないよう医薬品をうまく使いながらコントロールして、治ったと思われた後も抗炎症成分配合のコスメを継続して使うのがおすすめ。また、その炎症がきっかけで色素沈着が起きることもあるので美白ケアも有効。不幸にも「激しい戦争」でクレーターになってしまった肌は化粧品ではなかなか改善できませんが、根気よくスキンケアを行っていれば、時間の経過とともに徐々によくなっていくこともあります。

Q いつも同じところにできるのはどうして？

A 実は、ニキビのできやすくなる要因は場所によってまちまち。例えば、額のニキビは皮脂が多いことに加え、髪の毛が肌に触れて刺激することが大きな要因。また、顎などのUゾーンのニキビは完全に治っていないことも多く、性周期などの影響を受けて再び悪化したときに「繰り返している」と思いがちです。額のニキビなら額に当たらないように髪型を変えてみる、Uゾーンのニキビなら改善したように見えてもバリア機能が低下したままなので、念入りな保湿ケアをするのがポイントです。

シロクロ先生

美肌の処方箋

ニキビケアは

タイプを間違えると逆効果！

ニキビができるところや
肌の調子を見極め、

正しいケアを心がけよう！

TROUBLE 8

くすみ

なぜ肌はくすんで見えるの？

何となく肌の透明感のなさや不健康な印象を与えるくすみ。以下の6つの要因が複合的に作用して、何となく肌がどんより暗く見えてしまうとてもやっかいなもの。また人によっても原因はさまざまです。

さらにくすみは、加齢によって起きるだけでなく、疲れたときや寝不足、冬、生理中に感じやすいといわれており、トータル的なスキンケアだけでなく、血行やリンパの流れをよくするマッサージや生活習慣の見直しなども必要になってきます。

1 血行不良

気温やストレス、喫煙などによって血行が悪化し、肌の赤みが低下

2 メラニンの沈着

加齢や紫外線などにより全体的に色素沈着する

3 皮膚表面の影

シワや毛穴などが影をつくり肌全体を暗く見せる

4 透明感の低下

角層が厚くなったり、古い角質が溜まったりすることにより肌の透明感が低下

5 ツヤの低下

キメの乱れなどによって肌表面の光の反射が乱れ、ツヤ感が低下

6 肌の黄色化

皮膚のタンパク質の衰えなどによって糖化、カルボニル化し、肌の黄味が増える

肌を黄色くくすませる「糖化」「カルボニル化」ってなに？

皮膚のタンパク質（真皮のコラーゲンやエラスチン、表皮のケラチンなど）が変わってしまう現象のひとつで、肌老化やくすみの原因となります。

糖化とは？

タンパク質に糖が結合し、
AGEs（終末糖化産物）と呼ばれる物質に変化してしまうこと。

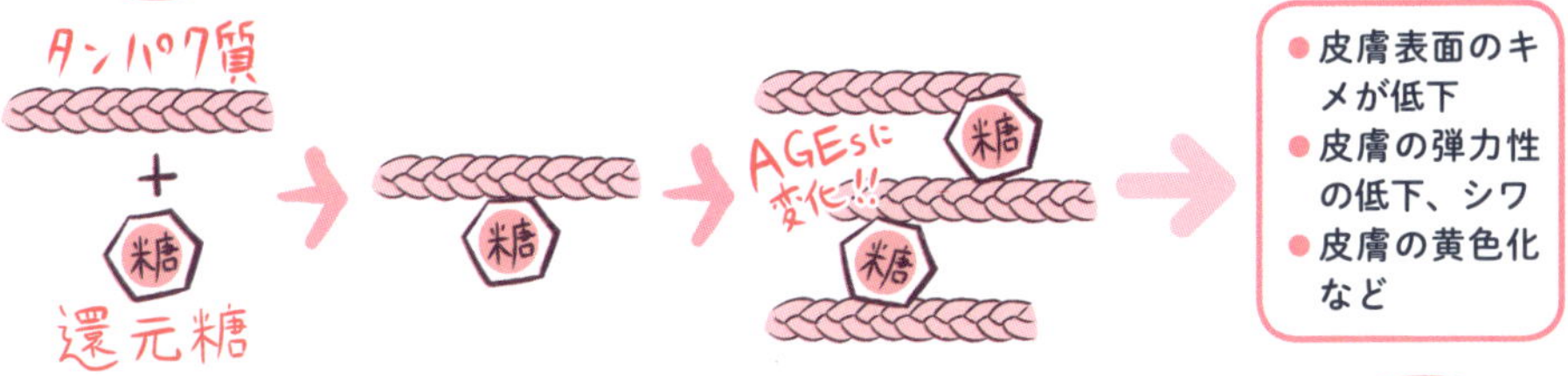

原因

糖質（糖を主成分とする物質。炭水化物）の過剰摂取、紫外線、ストレス、喫煙、加齢など。体内のタンパク質に過剰な糖がくっつき、それが体温で熱せられて、茶色く劣化したタンパク質になってしまうこと。

クッキーやホットケーキが茶色くなるのも「糖化」です（小麦のタンパク質と砂糖が反応）

カルボニル化とは？

タンパク質に過酸化脂質の分解物であるアルデヒド類が結合（カルボニル化）してしまうこと。

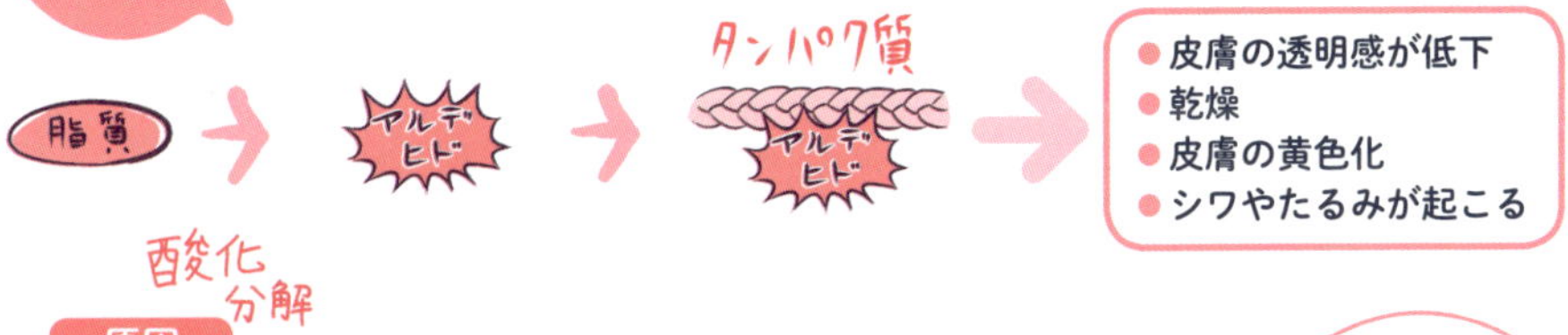

原因

脂質（中性脂肪やコレステロールなど）の過剰摂取、紫外線、喫煙、ストレス、加齢など。体内のタンパク質と脂質の分解物が結びつくことによって起こる。「カルボニル化」は、体内のタンパク質と脂質の分解物の結合によって起こる。2つの結びつきによってタンパク質を変質させ、黄色くくすませてしまう。

アルツハイマー病もカルボニル化したタンパク質が蓄積しているといわれています

くすみ対策におすすめのケア

肌がくすむと疲れて見えたり、暗い印象を与えたりしてしまうため、肌をトーンアップさせるためのスキンケアに取り組みましょう。血行不良によるくすみには温めケア、古い角質によるくすみにはふき取りタイプの化粧水やピーリングで対策を。ただし、乾燥肌、敏感肌の人には刺激が強すぎるため注意が必要です。

フェイスマッサージ

マッサージで血行やリンパの流れを改善しましょう。マッサージクリームやオイルなど肌すべりのよいものを使い、肌を強く引っ張ったりこすったり、刺激を与えないように気をつけながら行います。グリセリンベースの温感ジェルなら温かさを感じながら、ヒーリング効果も得られます。

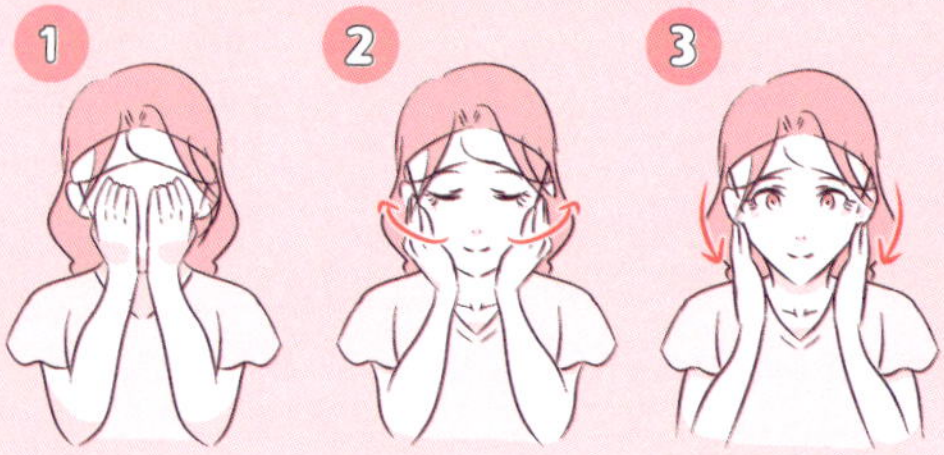

1 手のひら全体を顔に当てて

2 内側から外側へ優しくなでる

3 耳の下の耳下腺にリンパを流す

パック

エアゾールなど泡タイプのパックは、空気層の保温効果によって温感を付与。除去するときに余分な角層もふき取れる。また炭酸ガスが入っているとさらに血行促進効果がアップする。温めるタイプのフェイスマスクやホットタオルを使ったパックなどもすぐに温めたいときは効果的。

ふき取り化粧水

余分な角層を除去して肌の透明感をアップ！　ただし、角層ではメラニンがすでに消失しているため、メラニンを除去できるわけではないことに注意。

その他

血糖値を上げない生活習慣を心がけましょう。

かずのすけ COLUMN

ゴマージュジェルや AHA（フルーツ酸）等による マイルドピーリングの注意点

肌のくすみを緩和する目的で古い角層を除去するゴマージュジェル（通称：ピーリングジェル）を使用する場合、肌に刺激を与えたり乾燥しやすくなるなどのデメリットが生じる場合があります。

よく「古くなった角質がこんなに！」といったキャッチコピーで宣伝されているのを目にしますが、ゴマージュジェルは「カルボマー」などのゲル化剤（Ｐ２０７）を酸性状態で配合していて、これをこすり合わせるとゲル化剤同士が固まって消しゴムのカスのようになる現象を応用したもの。つまり、ゴマージュジェルで発生するカス状の物質は老廃角質や垢ではなく、ただのゲル化剤の固まりです。ゴマージュとはこういったスクラブ状の物質で皮膚をこすって汚れを落とす製品のことをいいますが、カスそのものが角質の固まりと考えてはいけません。

では、こういった製品に全く角質を除去する力がないのか？　というとそうでもなく、最近ではゴマージュジェルにケミカルピーリングにも用いられる「グリコール酸」「リンゴ酸」などのＡＨＡ（α-ヒドロキシ酸、Ｐ１５９）が配合されているため、こすった直後に角質がボロボロにめくれることはなくても、穏やかに作用して角質がはがれやすくなると考えられます。これらのＡＨＡは皮膚表面のタンパク質を破壊して角質を強制的に入れ替える作用があるため、たとえ微量配合でも長時間ゴマージュでマッサージすると肌が弱い人はかゆくなったり角層が刺激されて水分保持能力が低下したりという懸念も。

また、最近ではＡＨＡを高配合した「フットピーリング」の危険性が問題視されました。

CHECK 肌悩み別
「美容成分選び」が
美肌への近道！

くすみ 6 大要因に効果的な成分

成分名は医薬部外品or化粧品表示名称、
〔　　〕内は通称など

医 医薬部外品の有効成分

シロクロ先生おすすめ

かずのすけおすすめ

1 血行不良

酢酸トコフェロール〔トコフェロール酢酸エステル、酢酸DL-α-トコフェロール、ビタミンE誘導体〕 医

ビタミンEに酢酸を結合させたビタミンE誘導体。皮膚内でビタミンE（トコフェロール）に変換される。

ヘパリン類似物質 医

血行促進によってくすみを改善。化粧品使用不可、医薬部外品でもくすみの効能はいえない。医薬部外品に使うものと医薬品に使うものは違うとの情報も。

カンフル〔dl-カンフル、d-カンフル、樟脳〕 医

クスノキの精油などに含まれる成分で、血行促進効果の他、消炎、鎮痛効果がある。人によっては刺激を感じるので注意が必要。

トウガラシ果実エキス〔トウガラシチンキ〕

トウガラシの実から得られるエキスで辛味成分であるカプサイシンなどが主成分のエタノール（P50）で抽出したものをトウガラシチンキと呼び、ネガティブリスト（P213）成分として配合上限がある。局所刺激的に作用するものは、刺激に注意が必要。

バニリルブチル

カプサイシンと似た構造を持つ血行促進剤。バニラビーンズからも得られるが合成でもつくられる。局所刺激的に作用するものは、刺激に注意が必要。

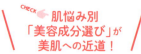

グリコシルヘスペリジン

ミカンの皮より得られる生薬「チンピ」の主成分でビタミンPとも呼ばれる「ヘスペリジン」を水溶化した誘導体。ビタミンP様作用を持つ。

メチルヘスペリジン

ミカンの皮より得られる生薬「チンピ」の主成分でビタミンPとも呼ばれる「ヘスペリジン」を水溶化した誘導体。血行促進効果の他、抗糖化作用もあるとされる。

二酸化炭素〔炭酸〕

二酸化炭素を封入したジェルなどを皮膚に塗布すると経皮吸収して血行を促進する働きがある。含有量はさまざまだが、効果のあるものは目に見えて肌が赤くなる。

② メラニンの沈着

美白成分（P96 ～ 98）参照

③ 皮膚表面の影

シワ成分（P110 ～ 113）、毛穴成分（P145 ～ 149）参照

④ 透明感の低下

プロテアーゼ

タンパク質を分解する酵素。はがれにくくなった角層をはがれやすくする。水の中で分解されやすい。まれにアレルギーを生じる場合があるため、特にパパイヤやキウイなどフルーツの食物アレルギーを持つ人は注意が必要。

パパイン

パパイヤの未熟な果実や葉から得られる乳汁中に存在するタンパク質を分解する酵素。水の中で分解されやすい。まれにアレルギーを生じる場合があるため、特にパパイヤやキウイなどフルーツの食物アレルギーを持つ人は注意が必要。

（カルボマー／パパイン）クロスポリマー

パパイヤを安定化したもの。はがれにくくなった角層をはがれやすくする。水の中で分解されやすいパパインの安定性、安全性、効果性を高めた成分。

乳酸

α-ヒドロキシ酸（P159）のひとつでNMF中にも含まれる成分。マイルドなピーリング効果を有する。

グリコール酸〔ヒドロキシ酢酸〕

α-ヒドロキシ酸（P159）のひとつ。ピーリング作用のある酸性成分で高いピーリング効果を有するが刺激も高め。3.6％以上の配合は劇物となってしまうため、化粧品では配合できない。

5 ツヤの低下

乾燥成分（P128～131）参照

6 肌の黄色化 → 改善は難しいので予防が重要！ 糖化には一部の植物エキスにその予防効果が認められ、カルボニル化には抗酸化成分がおすすめ

メチルヘスペリジン

ミカンの皮より得られる生薬「チンピ」の主成分でビタミンPとも呼ばれる「ヘスペリジン」を水溶化した誘導体。血行促進効果の他、抗糖化作用もあるとされる。

シロクロ先生

美肌の処方箋

くすみは「肌疲れ」のサイン。より念入りな保湿スキンケアをしつつ、ゆっくり休んで肌力を回復しよう！

TROUBLE 9

クマ

クマはなぜできるの？

目の下にうっすらとでき、疲れた印象に見えてしまうクマ。クマは3種類に分けられ、できる原因がそれぞれ異なるため対処法も違います。まずは自分のクマがどのタイプかを見分けましょう。

1 青グマ 血行不良型

見分け方

下に引っ張ると薄くなる

主な原因

血行不良・睡眠不足・ストレス・眼精疲労など

特徴

目の周りの血液の流れが滞り、目元の薄い皮膚を通して青黒く見える

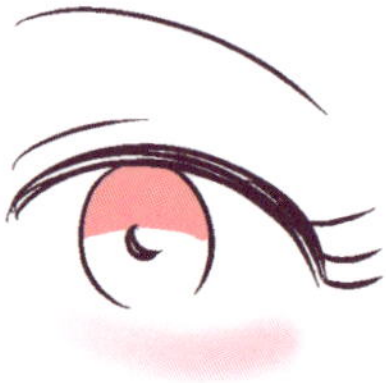

2 茶グマ 色素沈着型

見分け方

なにをしても薄くならない

主な原因

摩擦や紫外線等の強い刺激や乾燥など

特徴

目の下の小さなシミや色素沈着により茶色く見える

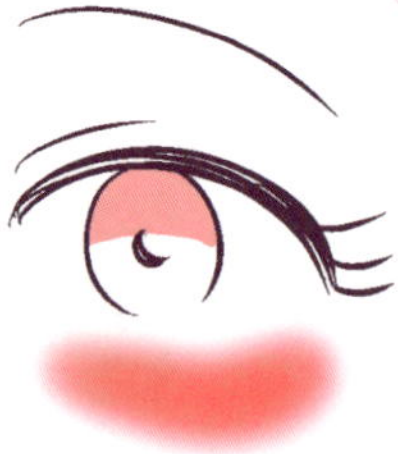

3 黒グマ たるみ型

見分け方

上を向くと薄くなる

主な原因

乾燥・加齢による目元のたるみ・くすみ・小ジワなど

特徴

まぶたのたるみの影ができて黒く見える。むくむとさらに目立つ

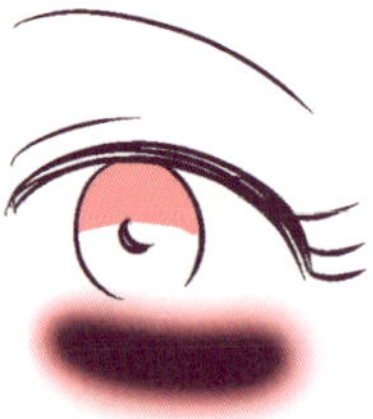

タイプ別 クマのお手入れ

目元の皮膚は顔の他の部位に比べて厚さが3分の1と非常に薄く、デリケート。また、まばたきなどによって絶えず動き続けているのでとても負担がかかりやすくなります。タイプに合わせた適切なお手入れですっきり解消しましょう！

クマのほとんどは「青グマ」で、血行不良によって発生しています。最も主要な原因が睡眠不足や疲労になるため、化粧品でのケアが非常に難しくなります。化粧品でも血行を促進する成分はありますが、目周辺だと刺激になるものも多く、基本的には化粧品以外のケアの方が効果的です。

1 青グマ 血行不良型 → 血行促進＆温めケア

血行をよくするマッサージ（P164）とツボ押しを行いましょう。目を酷使しすぎず睡眠をしっかりとること、冷え改善のためにホットタオルやアイマスクも効果的です。

晴明
目頭から約３mm内側のところ。

太陽
こめかみ。

四白
黒目の下の骨のふちから１㎝ぐらい下。

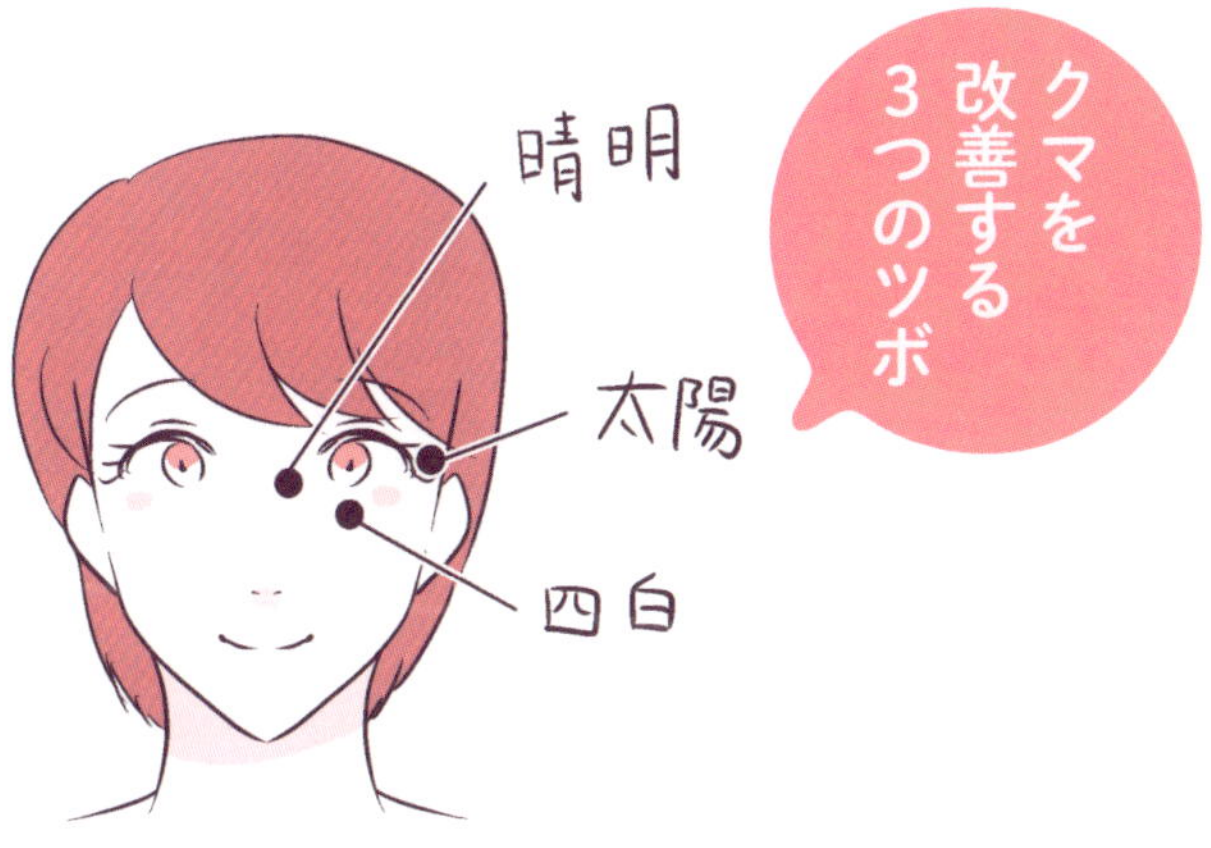

人さし指の腹を使い、気持ちいいと感じるぐらいの力加減で３～５回を目安にグーッと押します。太陽は引き上げるように押します。特に四白は青グマと黒グマに効果的。長めにプッシュしましょう。

2 茶グマ 色素沈着型 → 美白ケア P99

茶グマはメラニンの沈着が主な原因。美白ケアと同じ対策が有効ですが、より優しいケアがポイントです。アイクリームはこすらずにスッとなじむようなテクスチャー優先で。クレンジングを含め、物理的な刺激は悪化させる要因になるので注意しましょう。

3 黒グマ たるみ型 → ハリ・弾力＆むくみケア P109

青グマに有効なツボ押し（P171）に加え、まぶたや目元のたるみを解消する眼輪筋トレーニングが有効。またコラーゲン生成を促すケアや、塩分・冷たいものを控えるなどにも気をつける、運動やマッサージでリンパの流れをよくするなどが効果的。化粧品では限界があるため、ヒアルロン酸注射や下まぶたのたるみをとる下眼瞼除皺《かがんけんじょすう》術も有効。

ギュッとつぶる　パッと開く　8の字を描くように動かす

① 目をギュッとつぶって５秒キープ、パッと開いて５秒キープを10回行います。
② 目を大きく見開き、８の字を描くように眼球を動かします。左回し、右回しをそれぞれ５回ずつ行います。目を見開くときは眉毛を上げないように。どうしても眉毛が動いてしまうという人は、おでこに手を当て眉毛が上がらないようにして行ってください。

CHECK 肌悩み別「美容成分選び」が美肌への近道！

クマに効果的な成分

成分名は医薬部外品or化粧品表示名称、〔　　〕内は通称など

シロクロ先生おすすめ

かずのすけおすすめ

デリケートな目元に強い効果があるものは逆効果。それが刺激になって、色素沈着の可能性もあるので注意が必要です。

酢酸DL-α-トコフェロール

血行促進によってクマを改善。

ヘパリン類似物質

血行促進によってクマを改善。

クリサンテルムインジクムエキス

血行促進によってクマを改善。

グリコシルヘスペリジン

血行促進によってクマを改善。

！ 要注意成分

カンフル〔dl-カンフル〕 P166
トウガラシ果実エキス P166
バニリルブチル P166

かずのすけ COLUMN

雑なクレンジングで茶グマに⁉

色素沈着型のクマである「茶グマ」は、摩擦などの刺激の蓄積によって発生しているといわれています。一般的にこのタイプのクマは女性に多いのですが、理由のひとつに「アイメイクのクレンジング」があります。

アイメイクは最近ではお湯落ちなどかなり優しく落とせるアイテムが増えましたが、近年まではウォータープルーフタイプの落ちにくいものが主流。クレンジングの際に必要以上に目の周りを刺激してしまうことが茶グマ発生の大部分を占めていたと考えられます。

すでにできた茶グマはトラネキサム酸などの炎症抑制タイプの美白ケアが有効ですが、最も重要なのは茶グマをつくらないための「予防」です。

茶グマを予防するには、アイメイククレンジングを極力優しく行うことが大切です。

自分が使っているメイクアイテムの特性をよく知って、適切なクレンジング剤を選ぶ必要があります。お湯落ちタイプのものであれば、なおよしです。一番問題なのは簡単に落ちないウォータープルーフのアイメイクをリキッドやミルクなどの洗浄力の低いクレンジングで無理に落とすこと。その場合、ついつい摩擦を加えてしまいやすいので、ウォータープルーフのアイメイクにはオイル系のクレンジングを使って優しく落としましょう。

また、最近では海外製のまつ毛美容液の副作用で目の周りの色素沈着が起こるケースも増えています。

何度も説明しているように目元はとてもデリケートなので、まつ毛美容液を使うときは慎重に使うようにしましょう。

かずのすけ

言葉の美容液

クマの大敵は
睡眠不足と不摂生。
化粧品での対策は難しいので
規則正しい
健康的な生活を心がけて！

くちびる

くちびるのしくみ

顔の印象を左右するくちびる。実はくちびるは上下で全く違う性質を持っています。上唇は皮膚の延長ですが、ほおなどに比べて角層が薄く汗腺（エクリン腺P77）が存在しません。下唇は口内粘膜の延長で成り立っていますが、そもそも角層、顆粒層が存在しません。このような性質からくちびるのバリア機能は低く、また、セラミドも非常に少ないため、水分をとどめる力が弱い特殊なパーツといえます。

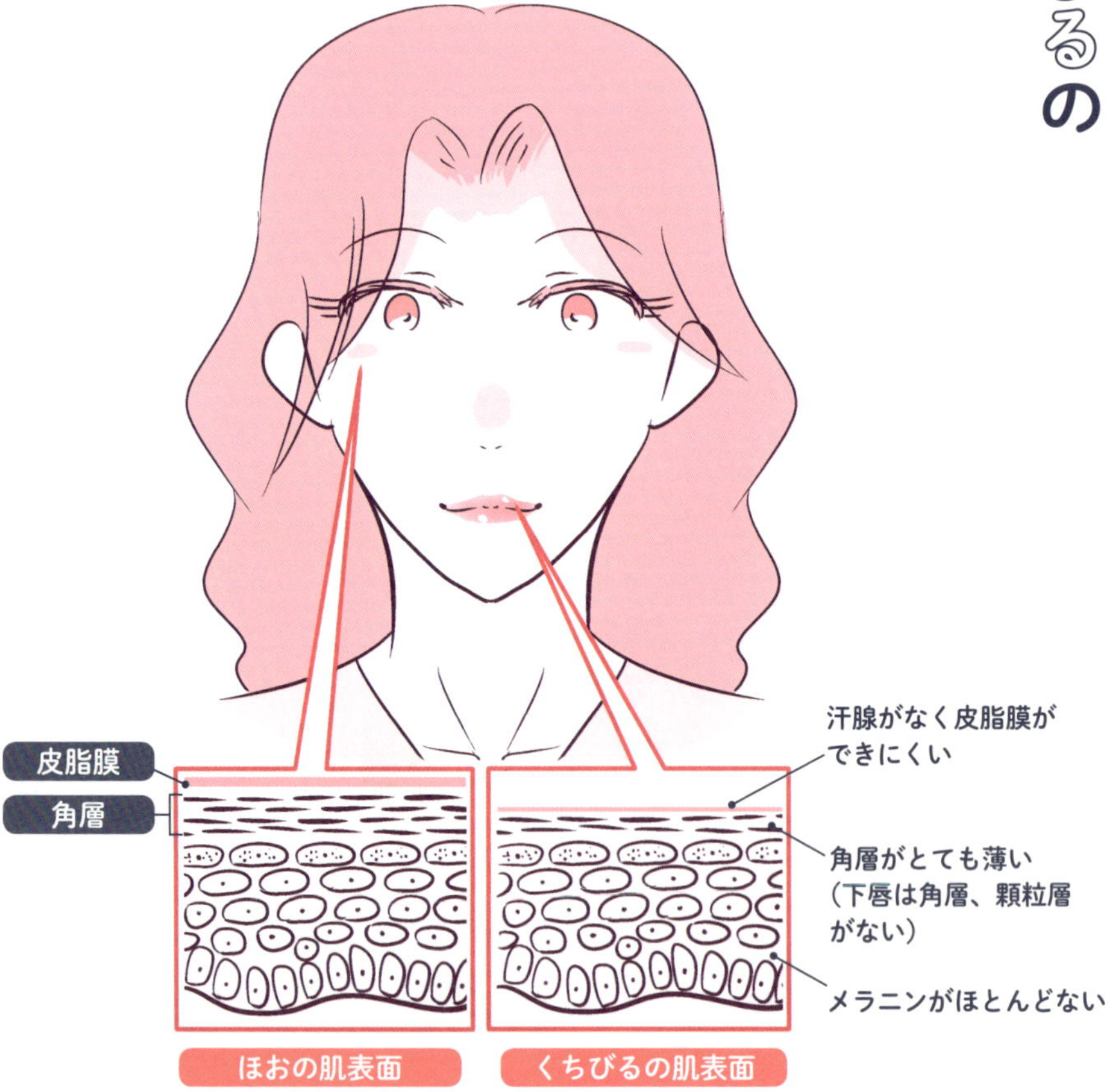

くちびるがあれる7つの原因

くちびるは他の皮膚に比べて非常に乾燥しやすくデリケート。紫外線の影響をもろに受けやすいというだけでなく、リップティントなどの染料に触れたり、食事などで食べ物の成分が触れるなど複数の要因がからみ合ってあれやすくなります。また、なめたりかんだりするクセがある人は余計に乾燥し、ひび割れや皮がむけやすくなるので要注意。皮を無理に向くと、傷口が紫外線にさらされてシミができることも。

1 肌バリアがとても弱い！

角層のターンオーバーが早く、バリア能が低い。水分が蒸散しやすく（ほおの約5倍）、角層水分量が少ない。

2 角層が薄く、紫外線の影響大！

不完全な角層、水分量が少ないため、きれいにはがれ落ちず、ひび割れや皮むけになりやすい。紫外線があたると、ターンオーバーが早くなり、より顕著に。特に上唇は紫外線の影響を受けやすい。

3 リップクリームや口紅に入っている成分の刺激

リップクリームや口紅の成分には単純な保湿成分の他にもdl-カンフルやトウガラシ果実エキスなどの微弱刺激による血行促進成分などがあります。また、メントール（P192）などの成分の刺激で炎症を起こすことも。特に敏感肌だとあれることがあるので避けた方がよい。

4 食べ物の成分の刺激

飲食や会話などにより外的な刺激を受けやすい。乾燥と同じメカニズム（さらにあれやすい）。

5 セラミド量が他の部位より少ない

角層のバリア機能を保っている「セラミド」がいない。種類も少ないと言われている。

6 「染料」を含むリップアイテムによるアレルギーなど

落ちにくく長持ちすることで人気のリップティントには「染料」（P200）が配合されているものが多い。染料はタール色素の中でも顔料と異なり分子量が小さく、色素沈着したりアレルギーの原因になるものもあるため一度合わなくなった染料が配合されたリップアイテムは使用しないなど工夫が必要。

7 医薬品の長期利用

くちびるのあれを急速に治癒する医薬品のリップケアアイテムを使用し続けることで、副作用により皮膚が過敏になり、あれやすくなってしまうケースも。

リップケアで最重視すべきは「油分の補給」乾燥したらすぐにリップクリームを！

　ラップ効果や保湿効果が高いワセリンや皮脂類似成分の油脂類をバランスよく配合したリップクリームで水分蒸発を防ぐのが基本のケア。特に寝ているときに乾燥するので、寝る前にはたっぷり塗りましょう。くちびるはセラミドを保持しにくいので、普段のスキンケアでセラミド配合のものを使用している場合は、くちびるにも重点的に塗布しましょう。リップクリームにも化粧品／医薬部外品／医薬品の区別があります。これを理解した上での商品の選別が必要。医薬品のリップを塗り続けると副作用でくちびるがあれやすくなることも。くちびるがあれているときは、スースーする刺激性のあるメントール（P192）やdl-カンフル（P166）が入っていないものを選びましょう。

　くちびるがあれやすい人は染料不使用のものか、染料の種類の少ない口紅を使用することをおすすめします。ただし、「天然染料」もあれる原因になるので天然だからと油断しないこと。

くちびるケアのポイント

- 使用してくちびるの皮がむけやすくなるリップアイテムは避ける。
- 辛い食べ物やコーヒー、紅茶の後は必ずくちびるを優しくふく。
- 医薬品のリップクリームを日常的に使わない。
- セラミドと水分の補給が効果的な場合もある。

CHECK 肌悩み別「美容成分選び」が美肌への近道！

リップケアに効果的な成分

成分名は医薬部外品or化粧品表示名称、〔　　〕内は通称など

ラップ効果の高い油性成分

ワセリン P56

セラミド類 P127

柔軟作用がある油脂系成分

オリーブ果実油など油脂類全般 P58

抗炎症成分

グリチルレチン酸ステアリル P146
アラントイン P146

血行促進成分

酢酸DL-α-トコフェロール P166

皮脂代謝促進剤

ビタミンA〔レチノール〕 P110

！ 要注意成分

カンフル〔dl-カンフル〕 P166
トウガラシ果実エキス P166
染料全般 P201
医薬品のリップクリーム

かずのすけ

言葉の美容液

くちびるの普段のケアは
「化粧品」のリップクリームで。
医薬品の使いすぎには
注意しよう！

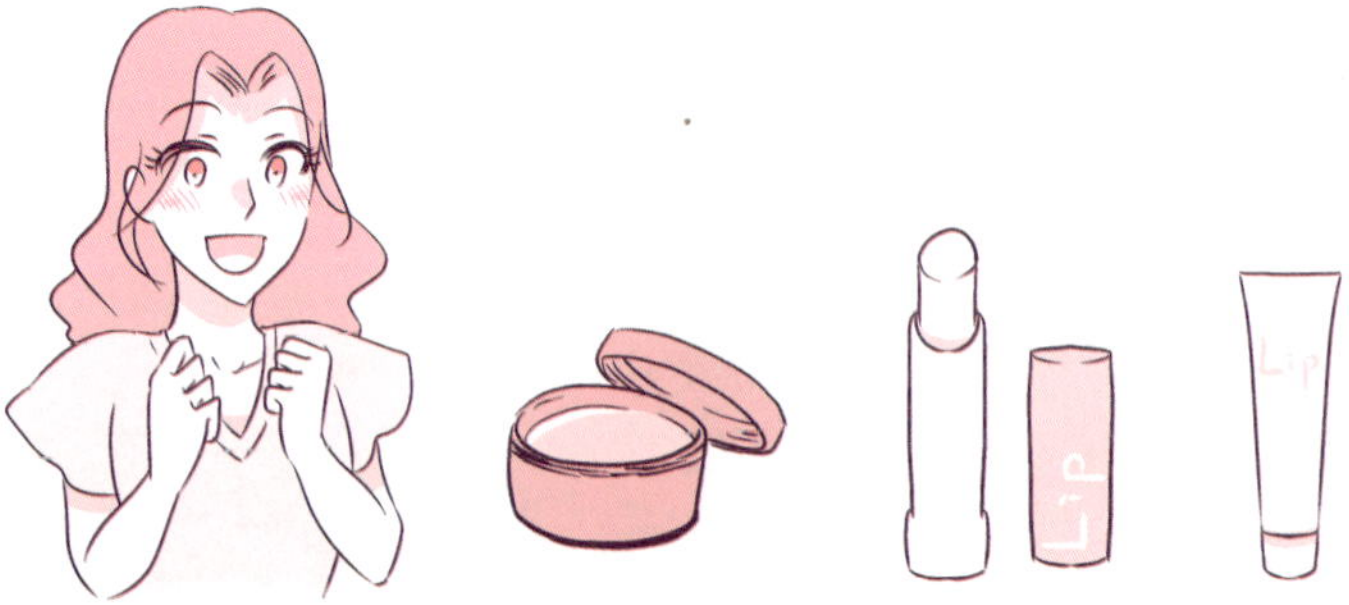

手あれはどうして起こるの？

年齢が出やすく、ごまかしのきかない手。手のひらには汗腺が多く発達していますが皮脂腺がありません。皮脂膜で保護されないパーツのため、手があれやすくなります。一度あれ始めると治りにくいのでひどくなる前にこまめなケアをしましょう。

手あれの基本的な原因は、洗剤（特に食器用洗剤）による手表面の「脱脂」です。

- 手肌を保護しているセラミドや皮脂などを洗浄によって除去することで肌の水分保持力やバリア機能が低下、結果として炎症を起こし、手あれにつながる。
- 手のひらは元々皮膚が厚いが皮脂腺はなく、油分量が少ないため脱脂作用による肌あれが起こりやすい。
- 長時間の洗浄によって起こる症状で、炊事や洗濯を普段から行う主婦に集中して発生するため「主婦湿疹」と呼ばれることもある。
- 洗剤に触れなくても、手指用消毒剤や薬用ハンドソープなどで手を過度に殺菌してしまうことで手あれが生じる場合がある。
- 薬用ハンドソープの殺菌剤は手肌に刺激になるので多用厳禁。塩化ベンザルコニウム（P66）やイソプロピルメチルフェノール（P157）等。

手あれ対策のポイント

手あれの一番の原因は食器用洗剤・ハンドソープ・シャンプー・石けんなどとの接触による肌の「脱脂」です。手は元々皮脂の分泌が少ないため、脱脂されると肌バリアが一気に低下して手あれを生じやすくなります。基本は予防をメインにして、適切な油分で保湿することも大切です。

ハンドソープは
「ベビーソープ」
などを代用すると
低刺激です。

POINT 1 「洗剤」と触れない工夫を！

食器用洗剤など、特に洗浄力の高い洗剤類との接触を極力避けるのが最も効果的。使い捨てノンパウダーのビニール手袋を使用すれば洗剤と直接触れないため限りなく予防可能。ゴム手袋は内部での雑菌の繁殖やラテックスアレルギーなどの懸念があるため最善策とはいえない。ひどい場合はシャンプーなどでも極力手袋を使用する。

POINT 2 ハンドクリームで徹底保湿＆保護！

ハンドクリームによる保湿＆保護はある程度有効だが、直接洗剤と触れ続ける以上完全予防はできない（ハンドクリームの種類や性能などは次頁参照）。水仕事などをするときは保護作用の強いクリームを使用し、普段の保湿時には保湿効果の高いものを選ぶ。

POINT 3 抗炎症剤や医薬品に頼りすぎないこと！

抗炎症成分などを含むハンドクリームや医薬品のステロイドなどを継続的に利用すると一時的に炎症は治まるが、洗剤など原因物質との接触を絶たない限り根本的な解決にはならないので注意。原因に対処しなければ必ず再発してしまう。

POINT 4 自己判断での突発的な脱ステロイドは危険×

ステロイド等を長期的に使用している場合、突然使用をやめると高確率で悪化するため、医師と相談しつつ徐々に薬のランクや頻度を落として医薬品の使用を控えていきましょう。

CHECK 肌悩み別「美容成分選び」が美肌への近道！

手あれに効果的な成分

ハンドクリームの分類

タイプ	主な商品例	主な成分について	説明
保湿系（化粧品）	油脂系クリーム	植物油脂（マカダミアナッツ油、アルガニアスピノサ核油、オリーブ果実油、馬油、アーモンド油、ひまわり油など）	主に植物油脂を主成分に配合しているクリーム。皮脂の組成と近く浸透感があり、ベタつきにくい。セラミド等を配合しているとなおよし。
	ウォータリー系（ジェル系）	水性保湿成分（BG、グリセリン、ヒアルロン酸Na、アミノ酸、コラーゲン、カルボマー、ポリクオタニウム-51など）	クリームではなくジェル状になっているタイプ。油分は微量で水分の保湿効果がある。ベタつきはほぼないのが特徴。
保護系（化粧品）	シアバター系	シア脂	シアバターはオレイン酸とステアリン酸がバランスよく含まれバリア機能が高く、体温付近で溶けるのが特徴だが、ややベタつきやすい。
	炭化水素油系クリーム	炭化水素油（ミネラルオイル、スクワラン、ワセリン、イソヘキサデカン、イソドデカン、パラフィンなど）	多くは「ミネラルオイル」「ワセリン」が主成分。浸透力はほぼなく保湿効果は低いが水分の蒸発を防いだり刺激から守る保護作用は高め。
	エステル油系クリーム	エステル油（ホホバ油、パルミチン酸イソプロピル、トリエチルヘキサノインなど）	炭化水素系と油脂系の中間的使用感。基本的には保護効果が強め。
有効作用系（医薬部外品）	尿素系	尿素	「尿素」を主体に配合している。尿素は角質を分解して柔軟性を与える成分だが炎症部分などには刺激になるので注意。
	抗炎症系	グリチルリチン酸二カリウム グリチルレチン酸ステアリル アラントイン	炎症を抑える成分で多少の手あれを沈静化させる効果がある。副作用で肌が過敏になる場合もあるので長期継続利用には注意。
	血行促進系	酢酸トコフェロール dl-カンフル ビタミンA油（レチノール）	血行促進作用で皮膚の代謝を促進して手あれを沈静化させる働きがある。刺激のあるものも。

要注意成分

尿素

尿素は保湿成分として知られているが「尿素クリーム」など高濃度で配合した場合、角質を分解して柔軟化する性質があるため炎症を起こしている肌には刺激になってしまう。炎症を伴う手あれには不向き。

化粧品なんて
とりあえず
つければいいやと
思ってたけど
違うんだね
化粧品は肌質で
選ぶものだとばかり
雑誌や口コミで話題のものを
使ってるけど　結局どれが
いいのかわからなくて……
肌悩みに効く成分から選ぶ
なんて考えたことがなかったわ
化粧水
乳液
美肌成分事典
でも
美白化粧品使ってるのに
シミふえたけど…
「シミ」とひとくちにいっても
いろいろな種類があって
美白成分もこれだけたくさんあって
それぞれどこに働きかけるかが
違うんです
まずはシミをつくらせないために予防が大事!!
毛穴にも
種類があるなんて
週1パック
してたけど
洗顔のやり方を
変えるだけでも
よくなりそう
今日さっそく
油脂系
クレンジング
してみよう!
毛穴パックも
他のお手入れでも
そうなんですけど
それ自体が
悪いわけじゃないけど
やり方が原因で
悪化することもあるから
メカニズムをわかった上で
上手に使って欲しいですね
悪化してるっ
今は情報があふれ
すぎてしまって
かえって何を使って
いいかわからなくなる
人が多いんですよね
肌は人それぞれ
違うから
人気があるとかじゃなくて
肌のことを知った上で
自分に合ったものを
選んでいただければ

Part 6 化粧品の基礎知識 3 〜その他の成分〜

化粧品の品質を維持する防腐剤や酸化防止剤。見た目や香りを華やかに演出する着香剤（香料）や着色剤。紫外線のダメージから肌や化粧品を守る紫外線防止剤（紫外線吸収剤、紫外線散乱剤）など、ここでは、化粧品を安心して使用できるようにするための「その他の成分」を配合目的別に見ていきましょう。

配合目的

細菌やカビの増殖、腐敗を防いで化粧品を腐らせないようにする成分。

防腐剤

化粧品によく使用される防腐剤

成分名	特徴など
メチルパラベン **エチルパラベン** **プロピルパラベン** **ブチルパラベン**	パラベン（別名:パラオキシ安息香酸エステル）。最も広く使用される防腐剤で、抗菌性を示す濃度での安全性が高く毒性も低いといわれている。少量で広範囲の微生物に対して有効。
フェノキシエタノール	パラベンと並んで広く使用されるが、パラベンより抗菌力が弱いため配合量を多くする必要がある。揮発性がある。
安《あん》息《そく》香《こう》酸《さん》、安息香酸Na（安息香酸塩）	安息香酸は香料として用いられる安息香（ベンゾイン）という天然樹脂の中に存在する成分。多くの場合は、水に溶解しやすい安息香酸Naとして使用される。pHによって防腐力が変化するのが特徴。オーガニック化粧品に使用できるとされているため、ナチュラル系によく使用される。
サリチル酸、サリチル酸Na（サリチル酸塩）	化学合成によって得られる成分であるが、自然界にも広く存在する。殺菌防腐作用の他、角質を溶かす作用も。pHによって防腐力が変化するのが特徴。オーガニック化粧品に使用できるとされているため、ナチュラル系によく使用される。
ブチルカルバミン酸ヨウ化プロピニル	特に他の防腐剤で効果の出にくい真菌（カビなど）に効果が高い。欧米では長年使用されている。
メチルイソチアゾリノン	化学合成によって得られる成分。少量で効果があり、特に海外の製品に使用されることがあるが、近年皮膚トラブル報告が増えており、敏感肌の人は気をつけた方がよい防腐剤。粘膜への使用は不可。
ソルビン酸、ソルビン酸K（ソルビン酸塩）	バラ科の落葉高木樹木「ナナカマド」の未成熟果汁中に存在する。多くの場合は、水に溶解しやすいソルビン酸Kとして使用される。pHによって防腐力が変化するのが特徴。オーガニック化粧品に使用できるとされているため、ナチュラル系によく使用される。
デヒドロ酢酸、デヒドロ酢酸Na（デヒドロ酢酸塩）	化学合成によって得られる成分で、pHによって防腐力が変化するのが特徴。オーガニック化粧品に使用できるとされているため、ナチュラル系によく使用される他、ブラシ等への吸着が少なくマスカラなどメイクアップ化粧品に使用される。
クロルフェネシン	化学合成によって得られる成分。少量でも真菌（カビなど）に効果が高い。ブラシ等への吸着が少なくマスカラなどメイクアップ化粧品に使用される。ただし、海外での使用実績は多いが、日本ではさほど汎用されていないのが現状。粘膜への使用は不可。

防腐剤以外で防腐効果を有する「その他の成分」

表示名称	特徴	主な配合目的
エチルヘキシルグリセリン	グリセリン（P50）の誘導体。保湿効果の他、デオドラント効果、エモリエント効果も。抗菌性も高く、1%以下で防腐効果がある。	保湿剤
ペンチレングリコール（1,2-ペンタンジオール）（P51）	適度な保湿効果とともに防腐効果を持つ。単独で防腐効果を出すには2 ～ 4%程度の配合が必要。	保湿剤
1,2-ヘキサンジオール（P51）	ペンチレングリコールよりもさらに防腐力が高い成分。配合量が多いと皮膚への刺激が懸念される。 単独での防腐効果には1%程度の配合が必要。	保湿剤
カプリリルグリコール	1,2－ヘキサンジオールよりさらに防腐力が高い成分。水に溶けにくく、エモリエント効果を有する。人によっては刺激に感じることも。1%以下で防腐効果がある。	保湿剤、 エモリエント剤
カプリリルヒドロキサム酸	抗菌力に優れた天然由来成分として使用例が増え始めている。	キレート剤
ベンジルアルコール	香料成分として使用される。オーガニック化粧品では使用できる防腐剤とされているため、ナチュラル系によく使用される。EUでのアレルギー表示義務あり（P194）。	着香剤

上記成分は右ページの防腐剤と組み合わせたり、これらの成分だけを使って防腐剤フリーなどを謳った敏感肌用化粧品に使用されたりすることが多い。

防腐剤フリーと書かれた製品には、ルール上「防腐剤」が入っていてはいけません。ただし、上記のような主な配合目的が「保湿剤」や「キレート剤」となり、防腐効果があっても防腐剤としての扱いを受けない成分を使用しているケースも。このケースでも防腐効果を有することに変わりはないので、刺激がないと過信するのは禁物。売り文句を鵜呑みにせず、成分表示をよく見ることが大切です。

ポジティブリスト（P213）に該当する防腐剤が一切入っていない。

パラベンは入っていないが他の防腐剤が入っている。

このように防腐剤に限らず、○○フリー、○○無添加という場合には「何が含まれていないか」を具体的に表示しなければならないというルールがあります。

かずのすけ的 防腐剤の安全性の考え方

化粧品は開封して使い続けるうちに雑菌が混入して繁殖し、中身を変質させてしまうリスクがあります。最悪の場合、健康被害を及ぼすことも。そのため、化粧品を安心して使い続けるためには防腐剤などの保存料が必要不可欠です。化粧品に使用される防腐剤は化粧品基準※1におけるポジティブリスト（P213）によって、使用できる防腐剤およびその最大配合量（最大濃度）が厳密に決められています。

国で使用が認められているスキンケア用としての主な防腐剤

① すべての化粧品に配合の制限がある成分（抜粋）

成分名	100g中の最大配合量（g）
安息香酸塩	合計量として1.0
ソルビン酸塩	合計量として0.5
デヒドロ酢酸塩	合計量として0.5
パラベン類	合計量として1.0
フェノキシエタノール	1.0

POINT

一般的に最大配合量が多く設定されているものほど多く配合しても安全です。低く設定されているものほど刺激が出やすかったり、何らかの健康リスクを含んでいる場合があります（すべてのものに当てはまるわけではありません）。

※1 化粧品基準とは、厚生省（現厚生労働省）より平成12年9月29日に出された化粧品の成分に関する規定。その中で配合禁止成分表（ネガティブリスト、P213）と、原則配合が禁止される成分の中で例外として使用が認められている配合制限成分表（ポジティブリスト、P213）が設定されている。

② 化粧品の種類により配合の制限がある成分（抜粋）

成分名	100g中の最大配合量（g）		
	粘膜に使用されることがない化粧品の中で洗い流すもの（洗浄系化粧品）	粘膜に使用されることがない化粧品の中で洗い流さないもの（スキンケア、ベースメイクアップなど）	粘膜に使用されることがある化粧品（アイメイクアップ、口紅など）
イソプロピルメチルフェノール	上限なし	0.10	0.10
塩化ベンザルコニウム	上限なし	0.05	0.05
トリクロロカルバニリド	上限なし	0.30	0.30
ヒノキチオール	上限なし	0.10	0.050
ジンクピリチオン	0.10	0.010	0.010
ピロクトンオラミン	0.05	0.05	配合禁止
ブチルカルバミン酸ヨウ化プロピニル※2	0.02	0.02	0.02
メチルイソチアゾリノン	0.01	0.01	配合禁止

中には粘膜周辺で使うメイク製品や口紅に配合できないものや、最大配合濃度が極めて低く設定されている成分があります。そういったものの中には海外で健康リスクが指摘されていたり、肌あれの報告が相次いでいたりするものも。安全性が高いパラベンやフェノキシエタノールが入っていない化粧品では、こういった成分が複数配合されているものも少なくありません。

※2　エアゾール剤へ配合してはならない。
化粧品基準（平成12年9月29日厚生省告示第331号　最新改正：平成22年2月26日厚生労働省告示63号）より引用

シロクロ先生
COLUMN

パラベンは悪者？防腐剤の真実

化粧品を選ぶとき、まずこれが入っているかどうかを気にするという人もいるほどよく知られているのが「パラベン」。パラベンフリーや防腐剤無添加を謳った化粧品は肌に優しい、安全、というイメージを持つ人も多いと思いますが、それは本当に正しいのでしょうか？

パラベン（別名：パラオキシ安息香酸エステル）は、化粧品や医薬品、食品などにも使用される防腐剤で広い範囲の微生物に対して高い抗菌作用を持っています。また、人体に対する毒性が低く、皮膚刺激や過敏症なども少ないというのが特徴です。

化粧品には、「未開封かつ適度な環境での保管において、3年以上の品質の変化がないと思われるものにおいては、使用期限表示の義務はない」という明確な決まりがあります。つまり、一般的な化粧品は未開封なら3年間は品質が保証されているということ。しかし、化粧品は開けた瞬間から劣化がはじまります。開封後は空気や手で直接触れることで酸化したり、雑菌が混入し繁殖する恐れがあります。もしも、変質した化粧水やクリームを毎日せっせと塗り続けていたら……。

化粧品を長期的かつ安心に使うには防腐剤や保存料が不可欠。だからこそ、ほとんどの化粧品には防腐剤が添加されているのです。中でもパラベンは代表的な存在で、少量で化粧品を腐らせないようにする抗菌力と安全性の高さには定評があります。配合量の上限も法律で厳しく規制（Ｐ１８８）され、また実際に配合される量は上限の⅕程度なので、パラベンが合わないとわかっている人でない限り、無理に敬遠しなくてもいいでしょう。私はこれまでに化粧品開発を通じてさまざまな方と接点を持ってきましたが、特に思うのは肌が弱いという人にもいろいろなタイプがあるということ。敏感肌でもパラベンがダメな人もいれば、大丈夫な人も。また、パラベンは大丈夫だけれどフェノキシエタノールがダメな人、両方使えないという人もいらっしゃいました。

　このように、成分との相性の個人差は千差万別にもかかわらず、敏感肌だからパラベンフリー、ノンパラベンだから安心という触れ込みには違和感を覚えてしまうのです。

　パラベンは旧表示指定成分（P26）だったということが嫌われている最大の理由ですが、そもそも防腐剤というのはパラベンだけではありません。海外メーカーの化粧品の中には、最大濃度の低いメチルイソチアゾリノンなど、日本人の肌には合わない防腐剤が使われていることもあるので注意が必要です。ノンパラベン、パラベンフリーというとあたかも防腐剤が入っていないように見えますが、防腐剤の代わりに他の防腐作用のある成分を使っているスキンケア類もよく見かけます。例えば、前述したペンチレングリコール。保湿剤としてもよく使用されるこの成分で防腐効果を出すためには2〜4％と多量に添加する必要があり、その分、配合量に応じて刺激を感じやすくなります。私自身もさほど敏感というわけではないのですが、ペンチレングリコールと同じ仲間の1,2-ヘキサンジオールやカプリリルグリコールを使った化粧品は刺激を感じ、ほぼ使うことができません。これらの成分は公的に防腐剤としての扱いを受けないため規制の対象にならず、このような状況について業界内でも懸念を示す動きもあります。

　また、添加されている防腐剤の種類が多いと危険、というのも実は誤った認識。防腐剤は1種類よりも複数混ぜることで抗菌性が増し、製品中に含まれる防腐剤全体の配合量を減らすことができ、その分、肌負担も少なくなるといえます。また化学成分でも天然成分でも、人によって合う、合わないというものがあります。「パラベン＝悪」と短絡的に考えず、化粧品に含まれる成分の確認をしながら、自分の肌質に合ったスキンケア商品をじっくり探してみてください。

着香剤（香料）

配合目的

化粧品に香りをつけるために配合される成分。

POINT

香料にはいくつかの種類があり、揮発性のアルコール類やアルデヒド類、芳香性のエステル、合成ムスク、天然植物由来のエッセンシャルオイルなど、現在、化粧品に用いられる香料は3000種類を超えるとされています。

香料は天然から抽出する「天然香料」と化学合成でつくられる「合成香料」に大きく分けられます。

天然香料（精油）

自然界に存在している植物などから抽出した芳香成分。一般的にラベンダー油、ローズ油などの精油（エッセンシャルオイル）のことを指します。精油は数十から数百の芳香性化学物質の濃縮物であり、不純物などを含む場合も。複数の芳香成分を含むことでより深みのある香りになります。また、精油をキャリアオイル（植物油など）で薄めたものが「アロマオイル」です。

合成香料

合成香料には3種類あります。

❶単離香料……天然香料が持つ芳香成分から特定の芳香成分だけを取り出したもの。
❷半合成香料…❶で取り出した成分だけを化学的に合成したもの。
❸合成香料……石油などから完全に合成してつくられたもの。

つまり、合成香料といっても、清涼剤として使われるメントールや、柑橘系の香り成分のリモネンなど、分類の仕方によっては天然由来のものも。また単一の成分となるため不純物が少なく安全性は高くなりますが、天然精油の持つ深い香りは出にくくなります。

主な天然精油

表示名称	説明	主な効能
イランイラン油	イランイランの花から得られる精油。	リラックス、殺菌、消毒、防虫
オレンジ果皮油	オレンジの果皮から得られる精油（得る方法などによっては光毒性を持つ成分が含まれることもあるが、化粧品で使われるものはそれらを取り除いたものが一般的）。	抗炎症、鎮痛、リラックス
スペアミント油	ミドリハッカから得られる精油。	抗炎症、鎮痛、殺菌、防腐、収れん、清涼
ジャスミン油	ジャスミンから得られる精油。	リラックス、筋弛緩
セージ油	セージから得られる精油。	収れん、洗浄、殺菌、消毒
ゼラニウム油（ニオイテンジクアオイ油）	ニオイテンジクアオイの花から得られる精油。	殺菌、消毒、収れん、リラックス
タイム油	イブキジャコウソウの全草から得られる精油。	収れん、殺菌、消毒、清涼
ティーツリー油	ティーツリーの葉から得られる精油。	殺菌、消毒、収れん、防虫、防腐
ハッカ油	ハッカから得られる精油。	清涼、リラックス、防虫、防腐、殺菌、消臭、収れん、消毒
ベルガモット果皮油	ベルガモットの果皮から得られる精油（得る方法などによっては光毒性を持つ成分が含まれることもあるが、化粧品で使われるものはそれらを取り除いたものが一般的）。	抗炎症、消毒、防虫、リラックス
ユーカリ油	ユーカリの葉から得られる精油。ユーカリ葉油などもある。	殺菌、消毒、防虫、防腐
ユズ果皮油	ユズの果皮から得られる精油。	殺菌、鎮痛、抗炎症、リラックス
ラベンダー油	ラベンダーから得られる精油（日本では近年アレルギー陽性率が上昇しているという報告も）。	抗炎症、鎮痛、リラックス、殺菌、消毒
レモン果皮油	レモンの果皮から得られる精油（得る方法などによっては光毒性を持つ成分が含まれることもあるが、化粧品で使われるものはそれらを取り除いたものが一般的）。	覚醒、殺菌、収れん
レモングラス油	レモングラスから得られる精油。	リラックス、食欲増進、収れん、殺菌
ローズ油	バラの花から得られる精油。	消毒、収れん、殺菌、リラックス

参考：『アロマセラピーサイエンス』（フレグランスジャーナル社）

香料（天然精油）のアレルギーについて

化粧品などに含まれている香料は3000種類以上！ 日本では全成分表示のルール（P21）上、香料はどんな構成でも一つひとつの成分に表示義務がありませんが、EU（ヨーロッパ）では以下の26種類の香料成分が決められた量以上含まれる場合、アレルゲン物質としての表示が義務づけられています。さらにこれらの成分は天然の精油にも含まれているものもあります。このことからも天然=安心というわけではなく、注意が必要なのです。

成分名	含まれている天然精油の例
2-オクチン酸メチル	
アニスアルコール	バニラ
アミルケイヒアルデヒド	
アミルシンナミルアルコール	
安息香酸ベンジル	イランイラン、シナモン、ジャスミンアブソリュート、ベンゾインチンキ
イソオイゲノール	イランイラン
α-イソメチルイオノン	
エベルニアフルフラセアエキス	
オイゲノール	イランイラン、カシア、クローブ、シナモン、ジャスミンアブソリュート、ナツメグ、バジル
クマリン	シナモン
ケイヒアルコール	カシア
ケイヒアルデヒド	カシア、シナモン
ケイヒ酸ベンジル	ベンゾインチンキ
ゲラニオール	イランイラン、シトロネラ、ゼラニウム、タイム、ネロリ、ホーリーフ、レモングラス、ローズ
サリチル酸ベンジル	イランイラン
シトラール	シトロネラ、ナツメグ、ネロリ、ユーカリ、メリッサ
シトロネロール	シトロネラ、ゼラニウム、ナツメグ、ユーカリ、ローズ
ツノマタゴケエキス	
ヒドロキシイソヘキシル3-シクロヘキセンカルボキサルデヒド	

ヒドロキシシトロネラール	
ファルネソール	イランイラン、ネロリ、パルマローザ
ブチルフェニルメチルプロピオナール	
ヘキシルシンナマル	
ベンジルアルコール	イランイラン
リナロール	アンジェリカ、イランイラン、カユプテ、カンファー、キャロットシード、ジャスミンアブソリュート、ジンジャー、スパイクラベンダー、セージ、ゼラニウム、ネロリ、バジル、ブチグレン、ラベンダー
リモネン	アンジェリカ、オレンジ、カヌカ、カユプテ、カンファー、キャロットシード、クラリセージ、シトロネラ、スパイクラベンダー、スペアミント、セージ、セロリシード、ティーツリー、ナツメグ、ネロリ、フランキンセンス、ベルガモット、レモン、レモングラス

参考：『アロマセラピーサイエンス』（フレグランスジャーナル社）

香料や精油に含まれる成分は合成、天然にかかわらず、他の成分同様に「肌に合わないリスク」はゼロではありません。「香る」ということは、低分子成分であり、肌に吸収されやすく皮膚トラブルを招くリスクが出てくることにもつながります。旧表示指定成分（P26）とともに表示義務のあったことからも、敏感肌や特に敏感になっている時期には注意が必要。しかし、化粧品はそもそも「五感」で楽しむもので「香り」はとても重要な要素です。自分の肌に合う、合わないをしっかりと見極め、「エチケット」と「モラル」を意識しながら楽しんでいただきたいと思います。

シロクロ先生
COLUMN

時代とともに高まる香料の安全性

　時に肌に負担をあたえることのある香料、だからこそ、香料業界、化粧品業界は厳しい基準で香料成分を自主規制しています。香料業界では香料をより安全に使用できるための研究を行う国際的な組織「香粧品香料原料安全性研究所」（RIFM／リフム）を設立し、香料成分についての安全性評価を行っています。このRIFMの評価結果に基づいて、消費者や環境に対し安全性の高い製品の供給をするのが、世界の香料業界の組織である国際香粧品香料協会（IFRA／イフラ）です。例えば、使ってはいけない香料成分や、化粧品の用途によって使える量の上限などを決めています。また、天然香料にも光毒性や光アレルギー性のあるものがありますが、香料中の原因物質を解明し、それらを含まない安全な香料の開発も行っています。

　このように、時代とともに研究や自主規制が進み、以前よりも安心して使用できるような状況になっています。ロングセラーの化粧品などでは昔から変わらない香りがありますが、実は、基準が変わるたびに限られた成分の中で改良が加えられており、皆さんが気づかないようにその都度検討されているのです。

香料の安全性に関する国際的な組織

参考：日本香料工業会

「油脂」と「精油」の見分け方

化粧品の成分として用いられる油脂と精油は、どちらもほとんどの場合「植物の名前（原料名）＋部位＋油（オイル）」という表示名称であらわされるため、一見すると見分けができないように思えますが、植物のどの部分から採取しているのかを考えてみると、わかる場合があります。

油脂
→ P55 参照

油脂は動植物のエネルギーを貯蓄したものであるため、植物の「内側」にある部位
「果実」・「種子」・「胚芽」・「核」などから主に得られる。

例）
オリーブ果実油、ツバキ種子油、アルガニアスピノサ核油、アボカド油、ダイズ油、マカデミア種子油、ヤシ油、コメ胚芽油、アーモンド油、アンズ油

精油

芳香成分（精油）は外に放出されるものなので、植物の「外側」に面している部位
「皮」・「花」・「葉」・「樹皮」などから主に得られる。

例）
グレープフルーツ果皮油、オレンジ果皮油、ハッカ油、ローズマリー油、レモングラス油、セージ油、ローズ油、ユーカリ油、ラベンダー油

植物から得られる天然成分は大まかに「油脂（P58）」「精油」「植物エキス」に分けられます。

精油と植物エキスの違い

植物エキス

植物から溶媒（水やエタノール、BGなど）によってさまざまな成分を抽出したもの。全成分表示においては、エキス分（固形分）換算量で表示されるため、ほとんどの場合は1%以下の表示となるが、カンゾウ根エキス中のグリチルリチン酸など少量で効果を発揮するものや、トウガラシ果実エキス中のカプサイシンなど少量で刺激となるものもある。一方で、安定性やコストなどを考え、ごく微量にとどめている場合もあるが、どちらのパターンであるかは、残念ながら全成分表示からは知ることができない。

精油

植物の芳香成分を抽出したもの。濃度100%なので、肌への生理作用や香りによるリラックス効果などは高く、アロマテラピーにも用いられる。それと引き換えに刺激やアレルギーのリスクもある。

肌悩み別美容成分（Part5 P89～）における植物エキスの扱いについて

化粧品に使用される植物エキスは、水以外にもBGなどの保湿剤やスクワランなどといったオイルなど、非常に多岐にわたる溶剤によって抽出されます。そのため、同じ表示名称のエキスでも含まれる成分が変わり、また、どこの産地のものかなどの要因によっても期待できる効能効果が異なります。「○○エキスは美白に有効」などと書いてしまうと、○○エキスすべてがそのような効果を持つような誤解を与えてしまうことになるため、おすすめ成分に挙げていません。一般的に広く使用されている植物エキスは以下のとおり。

植物エキス人気ランキング

順位	エキス名称	主な作用	商品数（個）
1位	カミツレ花エキス	美白・収れん・抗酸化・香料 （美白成分「カモミラET」（P96）参照）	2950
2位	アロエベラ葉エキス	抗炎症・鎮痛・保湿	2411
3位	チャ葉エキス	抗菌・抗酸化・収れん	1933
4位	ローズマリー葉エキス	抗菌・抗酸化・収れん・香料	1895
5位	トウキンセンカ花エキス	香料・抗炎症	1348
6位	カニナバラ果実エキス	抗菌・抗酸化	1342
7位	セージ葉エキス	殺菌・消毒・抗酸化・抗炎症・香料	1240
8位	カンゾウ根エキス	抗炎症・保湿・抗アレルギー （抗炎症成分「グリチルリチン酸2K」参照）	1155
9位	ラベンダー花エキス	香料・収れん・抗菌	1097
10位	アルニカ花エキス	香料	1022
11位	オタネニンジン根エキス	血行促進・代謝活性	977
12位	レモン果実エキス	香料・収れん・抗菌	903
13位	モモ葉エキス	抗酸化・保湿	760
16位	スギナエキス	抗菌・収れん・消毒・抗酸化	663
17位	アルゲエキス	保湿	623
20位	ハトムギ種子エキス	保湿・抗炎症	516
23位	リンゴ果実エキス	抗酸化・保湿	430

※ランキングはcosmetic-info.jpを参考に、植物エキスの関連原料数上位30件の配合商品数から算出。非登録成分や配合商品が多いのに関連原料が少ない成分はランキングに反映されていない可能性あり。下位は有名な成分を優先的に抜粋。

着色剤

配合目的

化粧品や肌に色をつけて美しく見せたり、化粧品そのものの見た目をよくするための成分。

POINT

着色剤にはベニバナなどの植物から得られる天然の色素もありますが、代表的なのは無機顔料である「酸化鉄」や「酸化チタン」と石炭や石油のタール系の原料から化学合成でつくられるタール色素です。化粧品に使われるタール色素には「顔料」と「染料」の2種類があります。

基本的に安全

顔料

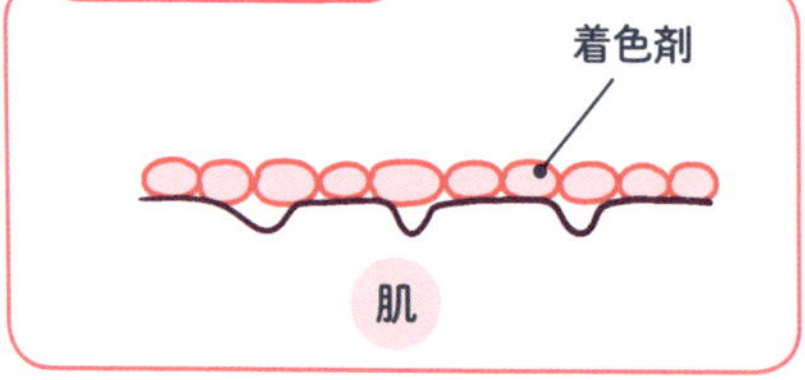

粉のため粒子が大きく、皮膚表面の凸凹に深く入り込まない。密着が弱い分、色素が定着せず、穏やかに発色する。皮膚や粘膜に対しての安全性は高く低刺激。

アレルギーのリスクあり

染料

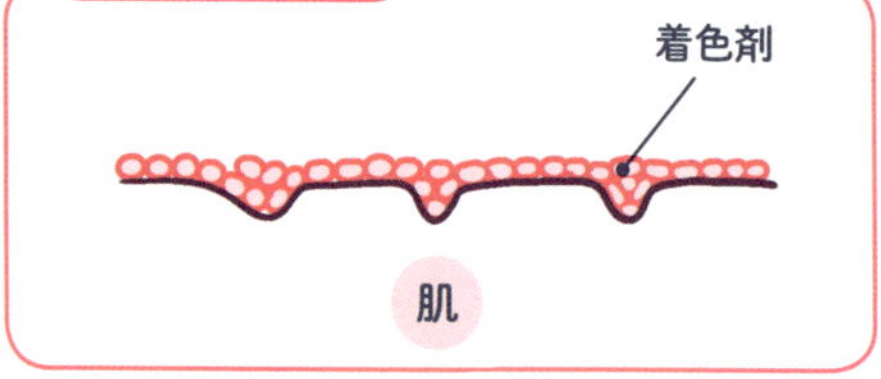

粒子が小さいため、皮膚表面の凸凹にしっかり入り込んでしまう。ぴったり密着して鮮やかに発色するが皮膚に直接染着して色素沈着してしまう場合も。皮膚や粘膜に対しての安全性は低めで刺激があるものも。

染料には「酸性」「塩基性」「油性」「建染」の4種類があります。染料は肌の上で化学反応を起こすと角質などのタンパク質と結合してアレルギーを発症する場合があるため、注意が必要です。

1 酸性染料

酸性になると発色するもの。皮膚は弱酸性なので化粧品にはこちらがよく配合される。

2 塩基性染料

アルカリ性になると発色するもの。基本的に化粧品には配合されない。

3 油性染料

油そのものを染色するもの。すでに油を染色した状態で使われるため比較的安全。

4 建染《たてぞめ》染料

酸化還元反応で発色するもの。最も反応性が高く、基本的に化粧品には配合されないがまれに使用されている製品も。

タール色素の色番号別顔料／染料早見表

タール色素の中には皮膚障害の原因になるものや、発がん性の報告があるものもあります。そのため、厚生労働省が認めた「医薬品等に使用することができるタール色素を定める省令」として安全性が確認されている83種類の法定色素のみが使用できることになっています。肌が弱い人は極力染料を避け、顔料が使われているものを選びましょう。タール色素は「赤201」や「青1」のように「色＋数字」でその表示名が決められています。

以下の早見表を使うと色と数字でその成分が顔料なのか染料なのかすぐに見分けることができるので、ぜひ参考にしてください。

色種別	顔料	染料
赤	201	2（酸）
	202	3（酸）
	203	102（酸）
	204	104-(1)（酸）
	205	105-(1)（酸）
	206	106（酸）
	207	213（アルカリ）
	208	214（油）
	219	215（油）
	220	218（油）
	221	223（油）
	228	225（油）
	404	226（建）
	405	227（酸）
		230-(1)（酸）
		230-(2)（酸）
		231（酸）
		232（酸）
		401（酸）
		501（油）
		502（ ）
		503（酸）
		504（酸）
		505（油）
		506（酸）
緑		3（酸）
		201（酸）
		202（油）
		204（油）
		205（酸）
		401（酸）
		402（酸）

色種別	顔料	染料
青	404	1（酸）
		2（酸）
		201（建）
		202（酸）
		203（酸）
		204（建）
		205（酸）
		403（油）
橙	203	201（油）
	204	205（酸）
	401	206（油）
		207（酸）
		402（酸）
		403（油）
黄	205	4（酸）
	401	5（酸）
		201（酸）
		202-(1)（酸）
		202-(2)（酸）
		203（酸）
		204（油）
		402（酸）
		403-(1)（酸）
		404（油）
		405（油）
		406（酸）
		407（酸）
褐		201（酸）
紫		201（油）
		401（酸）
黒		401（酸）

（酸）…酸性染料　（アルカリ）…塩基性染料　（油）…油性染料　（建）…建染染料（酸化染料）　（ ）…種類不明

参考…癸巳化成株式会社/株式会社たけとんぼ公式ホームページ　（http://www.taketombo.co.jp/index.htm）

配合目的

紫外線防止剤

紫外線から肌を守り日焼けを防ぐ成分。微量添加し、化粧品の品質を守るために使うことも。

日焼け止めに配合される紫外線防止剤には「**紫外線吸収剤**」と「**紫外線散乱剤**」の2種類があります。

紫外線吸収剤とは？

紫外線を特異的に吸収する成分。紫外線を吸収すると構造を変化させて、熱など安全なエネルギーを放出することでまた元の形に戻る特徴を持つ。油性成分が多く、乾燥やキシミ感を与えませんが、成分によっては刺激に感じる場合もあります。

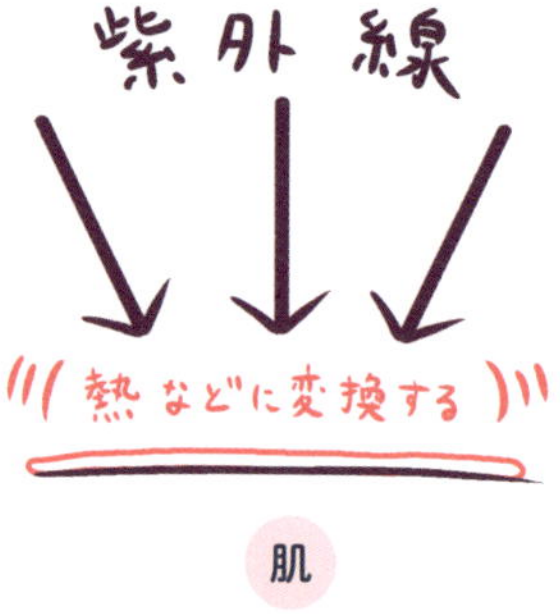

メリット	白浮きせず、粉っぽさがない。 乾燥感がない。 配合しやすい。 比較的安価。
デメリット	人によっては刺激に感じる。 紫外線により徐々に劣化してしまうものも。 独特のオイリー感があるタイプも。

これらのデメリットを改良したタイプの紫外線吸収剤も次々と開発されています。
例）UVA吸収剤：ジエチルアミノヒドロキシベンゾイル安息香酸ヘキシル
UVB吸収剤：オクトクリレン、ポリシリコーン-15など

紫外線散乱剤とは？

微粒子にすることで、可視光線は通過させ、紫外線を物理的に跳ね返して肌を守る。白い粉末のため、製品によっては白浮きしたり、粉っぽさを感じる場合もあります。紫外線防御力は吸収剤に劣ります。

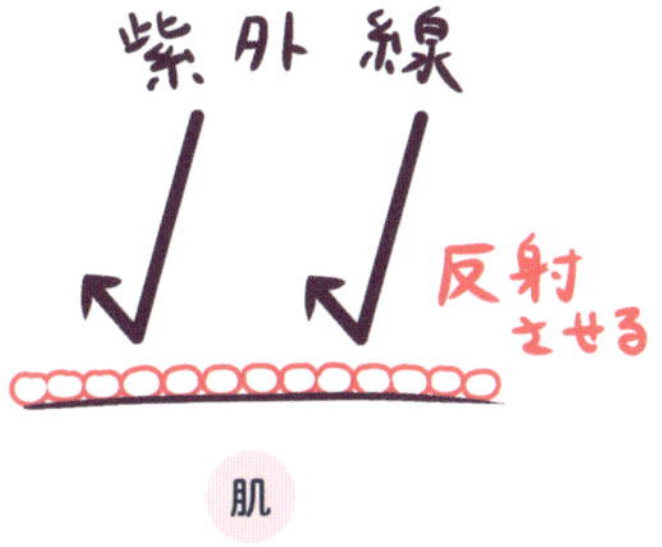

メリット	比較的低刺激。 オイリー感がない。 光で劣化することがない。
デメリット	凝集（粉同士がくっついてしまう）により紫外線防御能が低下する。 白浮きしたり、乾燥を感じる場合も。 光触媒作用を持つ（酸化チタン）。 イオンが溶出する（酸化亜鉛）。

これらのデメリットを解決するため、ほとんどの場合、粉末の表面をオイル等でコーティングしたものが利用されます。

ノンケミカルとは？

化学的な吸収効果によって紫外線を防止する「紫外線吸収剤」を配合していない日焼け止めのことで、合成成分を使っていないという意味ではないことに注意。

日本国内でよく使われている紫外線吸収剤

成分名	得意な紫外線		最大配合濃度（%）	
	UVA	UVB	スキンケア・ベースメイク	アイメイク・口紅等
メトキシケイヒ酸エチルヘキシル		○	20	8
t－ブチルメトキシジベンゾイルメタン（アボベンゾン）	○		10	10
ジエチルアミノヒドロキシベンゾイル安息香酸ヘキシル	○		10	配合禁止
ドロメトリゾールトリシロキサン	○		15	配合禁止
オクトクリレン		○	10	10
オキシベンゾン－3（オキシベンゾン）	○	○	5	5
ビスエチルヘキシルオキシフェノールメトキシフェニルトリアジン	○	○	3	配合禁止
オキシベンゾン－4	○	○	10	0.1
オキシベンゾン－5	○	○	10	1
サリチル酸エチルヘキシル		○	10	5
メチレンビスベンゾトリアゾリルテトラメチルブチルフェノール	○	○	10	配合禁止
ポリシリコーン-15		○	10	10
テレフタリリデンジカンフルスルホン酸	○		10	配合禁止
フェニルベンズイミダゾールスルホン酸		○	3	配合禁止

かずのすけ的

敏感肌に不向きな日焼け止め成分を見抜くコツ

紫外線吸収剤は敏感肌に刺激になりやすいといわれていますが、化粧品基準に定める「最大配合濃度」を参考にするとその刺激の程度を大まかに推察することができます。粘膜付近で使うメイク・口紅などに配合できないもの、最大配合濃度が低いものは刺激が出やすいものが多いですが、紫外線散乱剤には配合規制はないので基本的に低刺激です。

日本でよく使われている紫外線散乱剤

成分名	UVA	UVB	配合可能量（%）
酸化チタン	▲	○	規制なし
酸化亜鉛	○	▲	規制なし

光老化を進める２つの紫外線と肌への影響

紫外線にはUVA（紫外線A波）、UVB（紫外線B波）、UVC（紫外線C波）の3種類があります。地表に届く紫外線はUVAとUVBの2種類ですが、どちらも肌の老化に大きくかかわっています。

UVA

特徴

地表に届く全紫外線の約95％を占め、雲や窓ガラスなども通り抜ける。UVBより波長が長くエネルギーは弱いが真皮まで届くのが特徴。またサンタン（即時黒化）の原因にもなる。

肌への影響

シワ・たるみ・シミ

防ぐ指標：PA

UVB

特徴

地表に届く光線量は少ないが、UVAに比べエネルギーが強く表皮にダメージを与え炎症（サンバーン）を引き起こす。波長が短いため、届くのは表皮までである。

肌への影響

日焼け・シミ

防ぐ指標：SPF

太陽光の種類

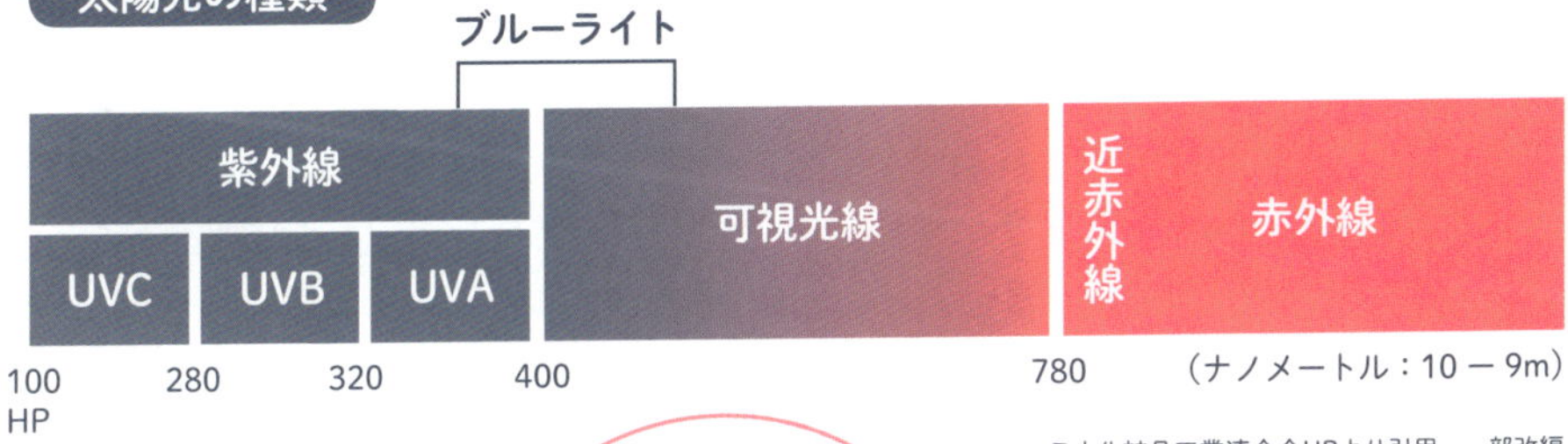

日本化粧品工業連合会HPより引用、一部改編

シロクロ先生
COLUMN

サンスクリーンアイテムの選び方・使い方

日焼け止めを選ぶ基準となるのが「SPF」と「PA」という2つの数値。数値が大きいほど、また＋の数が多いほど紫外線防御能が高くなりますが、高ければ高いほどよいかといえば、実はそうではありません。設計的に紫外線防御剤の配合量を増やす必要があり、使用感が悪くなったり、その分スキンケア成分を減らしたりすることにつながるからです。

私が考える選ぶポイントは3つ。ひとつめは「普段使いはSPF30程度、レジャーなど紫外線を浴びる場合は50＋というように使い分けをする」ことです。え？　PA値は？　と疑問に思うかもしれませんが、SPFが高いほどPA値が高くなる傾向にあるので、まずはSPFだけに注目すればよいのです。2つめは「SPF○○だから、△△時間効果が持続すると考えない」こと。このような表現はよく見かけますが、SPFやPAの測定はデータのバラつきのなさを考え、通常想定される量より多めにつけること、何段階かにエネルギー量を変えた紫外線を一度に照射して算出するという「時間」を考慮しない試験方法であること、また実使用上では汗や皮脂、こすれなどによって落ちてしまうことがあるからです。だから、たとえ高SPFのアイテムでも、2～3時間おきにこまめに塗りなおすことがポイントなのです。最後の3つめは、「とにかく焼きたくない！という人は、紫外線吸収剤と紫外線散乱剤の両方のタイプが配合されたアイテムを使うこと。双方を併用して使うことで相乗効果があらわれ、紫外線防御能がアップするだけでなく、総配合量を減らすことができるため、それぞれのデメリットを解消することができるのです。

SPFとは？

Sun Protection Factor（サンプロテクションファクター）の略。

UVB（P205）によるサンバーン（赤くなる日焼け）の防止効果をあらわしたもの。数値が大きいほど効果が高く、2～50＋で示されます。＋は50以上。

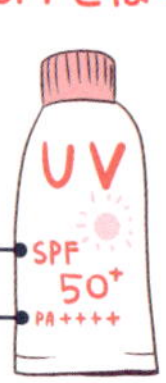

PAとは？

Protection Grade of UVA（プロテクショングレイドオブUVA）の略。

UVA（P205）による短時間で皮膚が黒くなる反応の防止効果をあらわしたもの。PA＋～PA++++の4段階で示され、+が多いほど効果が高くなります。

増粘剤・ポリマー

配合目的

とろみをつけたりジェル状にしたり、独特の使用感をつけて化粧品を使いやすくする成分。クリームなどには乳化安定目的で使用される。

POINT

増粘剤にはポリマーと呼ばれる高分子成分（構造が大きい成分）や粘土鉱物などさまざまな種類があり、油性成分と並んで化粧品の使用感を演出するのにとても重要な成分。次の4つのタイプに分類されます。

① 粘性（とろみ）を与える成分

ジェル状にまですることはできませんが、化粧品に粘性を与え、心地よさや乳化安定性を付与します。

成分名	説明
キサンタンガム	炭水化物を微生物キサントモナス・キャンペストリスで醗酵して得られる多糖類（糖がたくさんつながったポリマー）。少量で使用感のよいとろみをつけることが可能。食品でも「増粘多糖類」として多くの食べ物のとろみ付与剤として使われる。
ヒドロキシエチルセルロース	植物由来のセルロースを骨格とした増粘剤。透明性が高いのが特徴。
シロキクラゲ多糖体	キノコの一種であるシロキクラゲから抽出された多糖類。乳化安定性やヒアルロン酸と同等以上の保湿感を持ち、しなやかな使用感が特徴。ナチュラル系のスキンケアにも多く使用される。
パルミチン酸デキストリン	オイルをゲル化したり増粘したりできる。リップグロスなどに汎用される。

その他、○○セルロース、○○ガム、○○多糖体というものは、天然由来の粘性を与える成分であることがほとんどで、多くの場合保湿作用も併せ持っています。

② ジェル状にする成分

ジェル状にするなど、高い粘度を付与する効果があります。乳化安定性に優れ、使用感も多岐にわたります。また合成ポリマーがほとんどです。

成分名	説明
カルボマー	最も汎用される増粘剤のひとつである合成ポリマー。増粘効果が高く、ジェル状にすることが可能。ベタつかず、さらっとした使用感が特徴。
（アクリル酸/アクリル酸アルキル(C10-30)）クロスポリマー	カルボマーと似た特性があるが、乳化安定効果がより高いものや、イオン性成分などとの相性のよいものがある。オールインワンジェルなどに汎用される。
（アクリル酸ヒドロキシエチル/アクリロイルジメチルタウリンNa）コポリマー	最近、使用例が増えている合成ポリマー。他のオイルや乳化剤とセットで使用されることが多く、使用感のよい乳化製品をつくることができる。
(PEG-240/デシルテトラデセス-20/HDI)コポリマー	力を加えても徐々にもとの形に戻る特徴があるため、形状記憶ポリマーと呼ばれるポリマー。ハリ感の付与に優れる。
（ジメチコン/ビニルジメチコン）クロスポリマー	シリコーンゲルもしくはシリコーンエラストマーと呼ばれるシリコーンオイルや油性成分をゲル化できるポリマー。シリコーン特有のベタつきのない使用感を有し、W/Oクリームなどに使用される。

③ 皮膚や毛髪に吸着する成分

❶や❷の成分に「カチオン部分」をくっつけて、皮膚や毛髪への吸着効果を付与したもの。

成分名	説明
ポリクオタニウム-7	シャンプーやボディソープなどに使用される合成ポリマー。皮膚や毛髪に吸着し、肌触りや櫛通りをよくする他、泡を消えにくくして泡立ちを改善する効果もある。
ポリクオタニウム-10	シャンプーなどに幅広く使用されるセルロース骨格の植物性ポリマー。別名カチオン化セルロース。毛髪に吸着し、櫛通りを改善する。
グアーヒドロキシプロピルトリモニウムクロリド	グアーの種子（クラスタマメ）から得られる多糖類をカチオン化したもの。別名カチオン化グアーガム。ポリクオタニウム-10よりコンディショニング効果が高いのが特徴。

④ 被膜をつくる成分

硬い被膜をつくるのが特徴であるポリマー。

成分名	説明
ポリビニルアルコール	ピールオフパック（乾かした後にはがすタイプのパック）などに使用される、しっかりとした膜をつくることができる合成ポリマー。
プルラン	植物由来の多糖類。ポリビニルアルコールほどではないが比較的高い被膜をつくることが可能。

⑤ 白濁感を付与する成分

増粘用途ではなく、油性成分を使わずに白濁感を付与するために使われるポリマー。

<table>
<tr><th>成分名</th><th>説明</th></tr>
<tr><td>(スチレン/アクリレーツ)コポリマー</td><td rowspan="2">被膜感を付与する目的とは別に、化粧水などに微量加えることで、簡単に安定した白濁感を付与できる。最近の白濁系化粧水に多く使われている。</td></tr>
<tr><td>（スチレン/ＶＰ）コポリマー</td></tr>
</table>

⑥ 粘土鉱物（クレイ成分）に属する成分

ポリマーの構造はもちませんが、水中（または油中）でカードハウスと呼ばれる構造をつくることで増粘します。

成分名	説明
ベントナイト	粘土鉱物であるモンモリロナイトの主成分。水を吸収すると元の体積の何倍にも膨らむ特徴がある。クレイパックなどの化粧品だけでなく、医薬品、食品といった用途から土木建築、ペット用品まで幅広い用途がある。
ジステアルジモニウムヘクトライト	粘土鉱物の一種であるヘクトライトにオイルの構造を付与した誘導体。油中でゲルを形成することができるため、W/Oクリームなどに使われる。
ケイ酸（Ａｌ/Ｍｇ）	いわゆる合成粘土で、ベントナイトと似た性質をもつが透明性が高く、品質が安定しているのが特徴。

酸化防止剤

配合目的

化粧品が酸化して変質したり、劣化したりするのを防ぐ成分。

成分名〔通称〕	説明
トコフェロール〔ビタミンE〕	天然の植物にも多く含まれ、化粧品の酸化防止剤として最もメジャーな成分。
BHT〔ジブチルヒドロキシトルエン〕	合成の酸化防止剤。最近では使用例が減っている。
亜硫酸Na	水性成分の酸化防止剤や還元剤として使用される。ワインにも使用される。

キレート剤

配合目的

金属イオン封鎖剤。原料中の微量金属に含まれている微量ミネラルをしっかり捕まえ、化粧品への悪影響を防いで品質を保持する成分。

成分名〔通称〕	説明
EDTA〔エデト酸〕 EDTA-2Na、EDTA-4Na〔エデト酸塩〕	洗浄剤の洗浄力を高める。化粧品のキレート剤として汎用される。
エチドロン酸	特に石けんなどのキレート剤として汎用され、変色防止効果もある。

pH調整剤

配合目的

化粧品のpH《ピーエイチ》を安定化させる成分。製品のコンセプトや特徴、成分の安定性に応じ、酸性〜弱アルカリ性に整える。

成分名	説明
クエン酸、クエン酸Na	化粧品のｐH調整剤として最もメジャーな成分。クエン酸とクエン酸Naを使って弱酸性〜弱アルカリ性までコントロールすることができる。
水酸化Na、水酸化K	石けんをつくる際のアルカリ剤や、カルボマーなどの中和剤として汎用される。
アルギニン	アミノ酸の１つで、水に溶けるとアルカリ性を示すため「塩基性アミノ酸」ともいわれる。カルボマーの中和剤などに使用される。

pHとは？

pHは物質の酸性からアルカリ性までの度合いを調べるために用いられる水素イオン濃度を示す指標。酸性、アルカリ性には強さの度合いがあり、pHと呼ばれる0〜14までの数字であらわされます。7を中性としてそれ未満が酸性、大きければアルカリ性となります。人間の肌は4.5〜6.5の弱酸性といわれています。石けんはアルカリ性のものが多いため、石けんで洗顔してそのまま肌を放置すると一時的にアルカリ性に傾きますが、肌の恒常性機能が働いてだんだんと弱酸性の肌に戻ります。

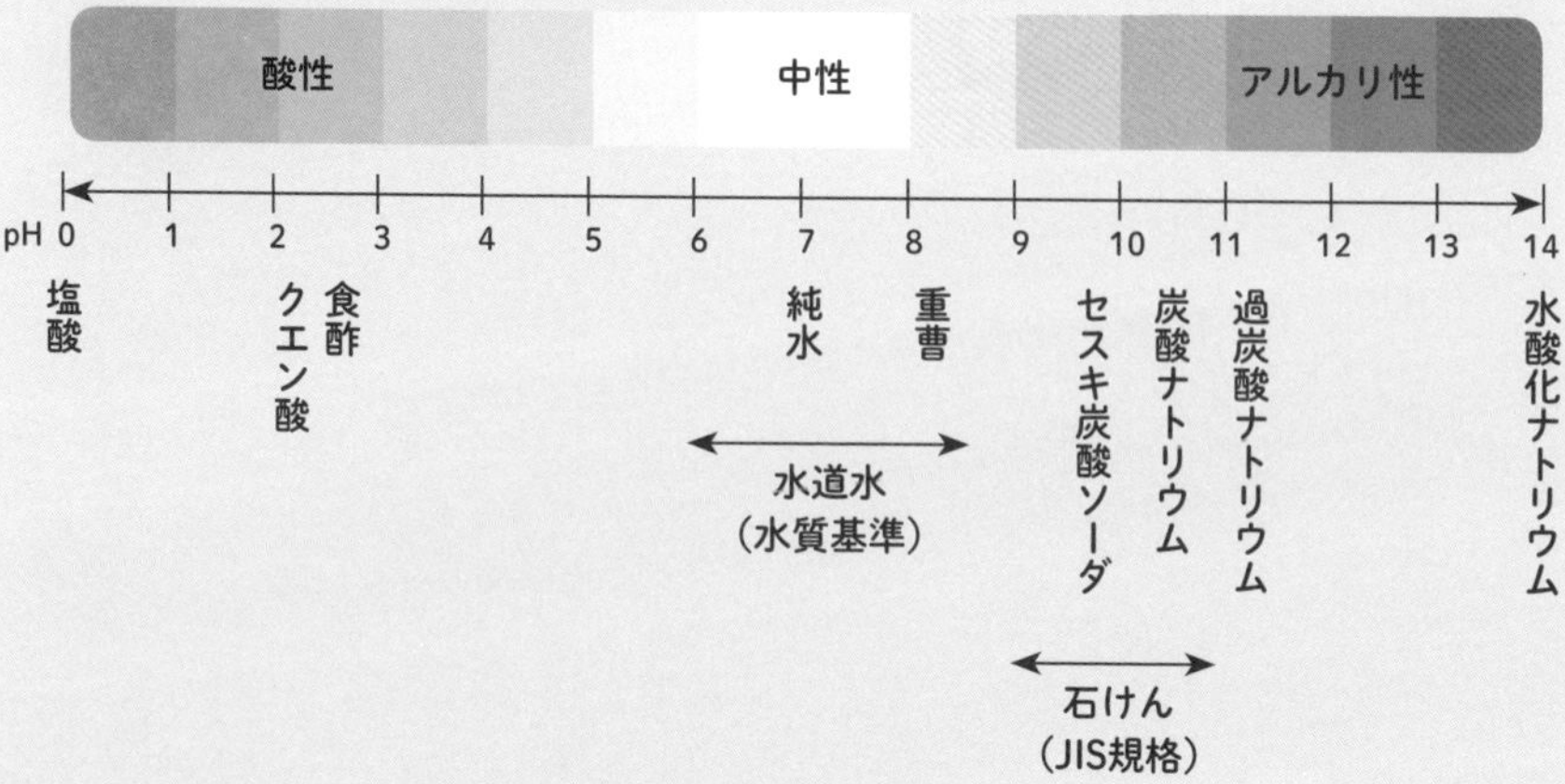

その他の成分 Q&A

Q 防腐剤と殺菌剤ってどう違うの？

A 殺菌剤は文字通り細菌（微生物）を素早く殺すために使われる成分。防腐剤よりも高い効果が必要であり、その分肌への負担も大きくなりがちです。防腐剤は「外部から混入した菌を殺さずとも、発育と増殖を抑える」「特定の菌だけでなくさまざまな菌に効果を発揮する」「効果が持続する」ことを目的に使用される成分。つまり、殺菌ほど効果は高くありませんが、化粧品を使い終わるまでずっと、さまざまな菌から守ってくれる頼もしい存在なのです。

Q 「酸化チタン」がスキンケアのクリームに入っているのはなぜ？

A 酸化チタンは紫外線散乱剤の一種としてＰ２０３で紹介していますが、白色顔料（着色剤）としてスキンケア製品に配合されることもあります。顔料の場合は紫外線散乱剤よりも粉の粒径が大きく紫外線防止効果は低めですが白さがより際立つため、肌のトーンアップや、カラーコントロール効果を目的として配合されています。美白化粧品にも入っていることがありますが、あくまで顔料の効果で肌が白く見えているだけなので肌が根本から白くなっているわけではないことには注意が必要。コーティング処理等により肌への安全性は非常に高いです。

Q 「合成ポリマー」は肌によくないって本当？

A 合成ポリマーは現在の化粧品に非常に多く配合されていますが、「肌をラップのように覆うため肌の正常な活動を阻害する」といわれることがあります。しかしこれは明らかにいいすぎで、実際にはそのように密閉してしまうという客観的なデータはなく、そのような化粧品もほぼ存在しないはず。合成ポリマー自体は安全性の高い成分で、例えば「カルボマー（Ｐ２０７）」などはそれに当たりますが、これは「ヒアルロン酸」などと同じように水分を抱えてジェル化する成分。メカニズムもほぼ同じなのに、「合成」というだけでありもしない悪評を立てられているのです。

シロクロ先生
COLUMN

化粧品を守るための ルール

日本の化粧品業界にとって大きな転機になったのは、２００１年の法改正。それまで、化粧品成分はあらかじめ国に認められたものしか使えず、新製品をつくるたびに配合成分を国に届出をする必要がありました。２００１年４月以降、「全成分表示（Ｐ17、Ｐ26）」を義務化する代わりに、メーカー（製造販売業者）が品質や安全性の確認を行えば成分は自由に配合できることになりました。さらに、処方内容まで届け出る形から、販売名だけを届け出る形へと変わり、化粧品製造販売は一気に「自由化」の方向に向かったのです。

ただ、これだけではメーカーによって安全性の考え方に差が生じ、安全性の考え方が甘くなってしまうと健康被害が起きかねません。そこで国は、化粧品の品質、安全性の全責任を負う「製造販売業者」を許可制にし、加えて化粧品を製造販売する上で最低限守ら

化粧品に配合できる成分、できない成分

防腐剤、紫外線吸収剤、タール色素以外の成分

- 医薬品成分（例外あり）
- 感染の恐れがある生物由来成分
- 生体や環境に強い毒性を持つ成分
- ネガティブリストに載っている成分（配合量規制含む）

防腐剤、紫外線吸収剤、タール色素

気をつけた方がよい成分

ポジティブリストに載っている成分

配合できる成分　配合できない成分

ポジティブリスト、ネガティブリストとは？

ネガティブリスト（配合禁止成分表）

化粧品に配合してはいけない成分のリスト。中には使用目的や使用方法などによって制限されているものもあります。

ポジティブリスト（配合制限成分表）

安全性の面から、特に留意すべき成分群について配合を制限するために、使用可能な成分のみをリスト化したもの。

なければならない「化粧品基準」を定めたのです。この中にポジティブリスト、ネガティブリストというものがあります。

簡単にいってしまうと、ポジティブリストは気をつけるべきカテゴリーである「防腐剤・紫外線吸収剤・タール色素」は「ここにあるものしか配合できません」というリスト。ネガティブリストは「化粧品には配合できないもの」「配合量に上限があるもの」をリスト化したもの。

ここで誤解されやすいのは、「ポジティブリスト」に載っている成分が危険な成分だと思われること。他の成分に比べ、防腐剤（P186）や紫外線吸収剤（P204）、タール色素（P201）は、肌にトラブルを起こすリスクが高くなる可能性のある成分。そのため、国が厳しく審査し、それをクリアした成分だけが使用を許されているのです。いわば「国のお墨付き」ですので、安心して使うことができると考えましょう。逆にいえば、このリストに載っていないのに、同様の効果を持っているとして使われている成分があるということは……。

また、配合上限は安全性だけを考慮しているわけではありません。化粧品は長期間安心して使えるものでなければならず、効果がありすぎてはいけないことから、医薬品成分やそれに相当する成分など「効き目が出すぎない」量として上限設定されているものもあります。

パラベンは悪いものだと思ってたけどいいヤツじゃん
防腐剤とか保存料が入っていなかったら使っているうちに雑菌がどんどん繁殖して
……それを顔につけてることになるんですよ
こわ～い…
その他の成分は化粧品を安全・安心に使っていただくために必要不可欠なもの
香料や着色剤は肌への効果には直結しないけど見た目をよくしたり心地よく使ってもらうために入れているんです
使うときにふわっと好きな香りがするとそれだけでリラックス効果あるもんね
そうだね
ここまで見てきたように化粧品は
①ベース成分
②美容成分
③その他の成分
で成り立っています
それぞれの成分の役割を知るだけで化粧品選びの幅も広がると思いますよ
人間の身体には自分で治そうとする力が備わっています 化粧品と肌に対する基本的なことを知ってもらった上で
それをサポートするような化粧品を選べるようになってもらえたら嬉しいですね
はーい!!
わかりました!
化粧品を選ぶのがもっと楽しくなりそう
もう肌トラブルに悩まされなくてもすむかも

Part 7

化粧品等の分類
化粧品・薬用化粧品の効能効果

私たちが普段なにげなく使っている化粧品には「（一般）化粧品」と医薬部外品である「薬用化粧品」の2つがあります。化粧品と薬用化粧品の大きな違いは「有効成分」が配合されているかいないか、ということ。ここでは、「医薬品、医療機器等の品質、有効性及び安全性の確保等に関する法律」（薬機法）によって3つの大きなカテゴリーに分けられた化粧品等の分類と、化粧品と薬用化粧品それぞれの効能効果を紹介します。

化粧品等の分類

一般的なスキンケア用品は薬機法により「化粧品」「医薬部外品（薬用化粧品）」「医薬品」の３つに分類され、効能・効果の範囲が明確に分かれています。それぞれの違いをきちんと理解し、目的に合わせて選びましょう！

化粧品とは？

人の体を清潔に保って保護する「衛生」的な目的と、見た目を美しく変えるという「美容」的な目的を持つもので、人に対する作用が緩やかなもの。

医薬部外品とは？

主に「予防・改善」を目的としたもので、厚生労働省により医薬品よりも穏やかな薬理作用と安全性が認められた有効成分が配合されているもの。その中で化粧品としての効果も認められたものを「**薬用化粧品**」という。

医薬品とは？

病気の「治療」や「予防」のための薬。厚生労働省により効能効果が承認された有効成分が配合されているもの。主に医師の処方薬である「医療用医薬品」と市販されている「一般用医薬品（OTC 医薬品）」に分けられている。

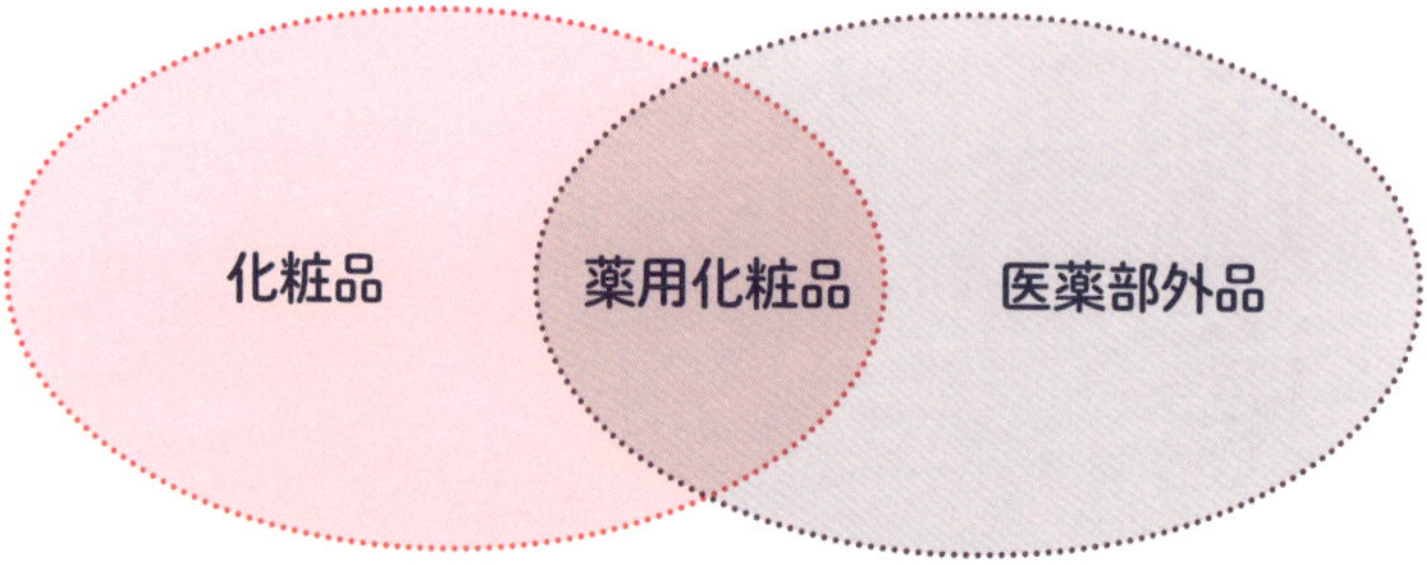

化粧品等の効果および安全性について

	化粧品	医薬部外品 （薬用化粧品）	医薬品
有効成分	なし （認められない）	あり （医薬部外品として認められたもの）	あり （医薬品として認められたもの）
全成分の表示義務	あり	なし （ほとんどの場合は自主基準により表示される）	あり （有効成分の名称および分量とその他の添加物をすべて記載）
効果の概要	補い保つ	予防	治癒
安全性	日常的に安全に使用できなければならない	日常的に安全に使用できなければならない	疾病の治癒のために使用し一定の副作用を有する
効果の表現例	●高い保湿効果で肌のうるおいを保つ ●角層に浸透し、肌を整える ●肌を清潔にして肌あれを防ぐ ●メイク効果で美白肌に など	●殺菌効果でニキビを防ぐ ●抗炎症効果で肌あれを防ぐ ●日焼けによるシミ・そばかすを防ぐ（美白作用） ●シワを改善する など	●血行を促進して傷の回復を早める ●皮膚組織の細胞修復を助ける ●皮膚の炎症を抑える ●ニキビを治療する など
クリームの表示例			

	効能効果は限定的	予防効果などあれば謳ってもよい	治療効果が謳える

安全性の目安　化粧品　≒　医薬部外品　＞　医薬品

化粧品と薬用化粧品の効能効果

化粧品の効能効果の範囲

1. 頭皮、毛髪を清浄にする。
2. 香りにより毛髪、頭皮の不快臭を抑える。
3. 頭皮、毛髪をすこやかに保つ。
4. 毛髪にはり、こしを与える。
5. 頭皮、毛髪にうるおいを与える。
6. 頭皮、毛髪のうるおいを保つ。
7. 毛髪をしなやかにする。
8. 櫛通りをよくする。
9. 毛髪のツヤを保つ。
10. 毛髪にツヤを与える。
11. フケ、かゆみがとれる。
12. フケ、かゆみを抑える。
13. 毛髪の水分、油分を補い保つ。
14. 裂毛、切毛、枝毛を防ぐ。
15. 髪型を整え、保持する。
16. 毛髪の帯電を防止する。
17. （汚れを落とすことにより）皮膚を清浄にする。
18. （洗浄により）ニキビ、あせもを防ぐ（洗顔料）。
19. 肌を整える。
20. 肌のキメを整える。
21. 皮膚をすこやかに保つ。
22. 肌あれを防ぐ。
23. 肌をひきしめる。
24. 皮膚にうるおいを与える。
25. 皮膚の水分、油分を補い保つ。
26. 皮膚の柔軟性を保つ。
27. 皮膚を保護する。
28. 皮膚の乾燥を防ぐ。
29. 肌を柔らげる。
30. 肌にはりを与える。
31. 肌にツヤを与える。
32. 肌をなめらかにする。
33. ひげを剃りやすくする。
34. ひげそり後の肌を整える。
35. あせもを防ぐ（打粉）。
36. 日焼けを防ぐ。
37. 日焼けによるシミ・そばかすを防ぐ。
38. 芳香を与える。
39. 爪を保護する。
40. 爪をすこやかに保つ。
41. 爪にうるおいを与える。
42. 口唇のあれを防ぐ。
43. 口唇のキメを整える。
44. 口唇にうるおいを与える。
45. 口唇をすこやかにする。
46. 口唇を保護する。口唇の乾燥を防ぐ。
47. 口唇の乾燥によるカサツキを防ぐ。
48. 口唇をなめらかにする。
49. ムシ歯を防ぐ（使用時にブラッシングを行う歯みがき類）。
50. 歯を白くする（使用時にブラッシングを行う歯みがき類）。
51. 歯垢を除去する（使用時にブラッシングを行う歯みがき類）。
52. 口中を浄化する（歯みがき類）。
53. 口臭を防ぐ（歯みがき類）。
54. 歯のやにを取る（使用時にブラッシングを行う歯みがき類）。
55. 歯石の沈着を防ぐ（使用時にブラッシングを行う歯みがき類）。
56. 乾燥による小ジワを目立たなくする。

（注１）例えば、「補い保つ」は「補う」あるいは「保つ」との効能でも可とする。
（注２）「皮膚」と「肌」の使い分けは可とする。
（注３）（ ）内は、効能には含めないが、使用形態から考慮して、限定するものである。
（注４）（56）については「H23.7.21薬食審査発0721 第１号／薬食監麻発0721 第１号」を確認すること。

引用元：『化粧品・医薬部外品　製造販売ガイドブック』2017（薬事日報社）

POINT

- 補う、保つ、整えることが基本　●保湿効果によって防ぐ、与えるはOK
- 物理的な作用（洗浄、香り、ブラッシングなど）によって防ぐ、抑えるはOK
- 毛髪や爪といった死んだ細胞に対して、防ぐ、抑えるというように、基本は「補う」ことによる効果しか謳えず、防ぐなどの予防効果は限定的に認められている

薬用化粧品の効能効果の範囲

❶ シャンプー
フケ・かゆみを防ぐ。
毛髪・頭皮の汗臭を防ぐ。
毛髪・頭皮を清浄にする。
毛髪・頭皮をすこやかに保つ。
毛髪・頭皮をしなやかにする。

❷ リンス
フケ・かゆみを防ぐ。
毛髪・頭皮の汗臭を防ぐ。
毛髪の水分・脂肪を補い保つ。
裂毛・切毛・枝毛を防ぐ。
毛髪・頭皮をすこやかに保つ。
毛髪・頭皮をしなやかにする。

❸ 化粧水
肌あれ・あれ性。
あせも・しもやけ・ひび・あかぎれ・ニキビを防ぐ。
油性肌。
かみそりまけを防ぐ。
日焼けによるシミ・そばかすを防ぐ。
日焼け・雪焼け後のほてりを防ぐ。
肌をひきしめる。肌を清浄にする。肌を整える。
皮膚をすこやかに保つ。皮膚にうるおいを与える。

❹ クリーム、乳液、ハンドクリーム、化粧用油
肌あれ・あれ性。
あせも・しもやけ・ひび・あかぎれ・ニキビを防ぐ。
油性肌。
かみそりまけを防ぐ。
日焼けによるシミ・そばかすを防ぐ。
日焼け・雪焼け後のほてりを防ぐ。
肌をひきしめる。肌を清浄にする。肌を整える。
皮膚をすこやかに保つ。皮膚にうるおいを与える。
皮膚を保護する。皮膚の乾燥を防ぐ。

❺ ひげそり用剤
かみそりまけを防ぐ。皮膚を保護し、ひげをそりやすくする。

❻ 日焼け止め剤
日焼け・雪焼けによる肌あれを防ぐ。
日焼け・雪焼けを防ぐ。
日焼けによるシミ・そばかすを防ぐ。
皮膚を保護する。

❼ パック
肌あれ・あれ性。
ニキビを防ぐ。
油性肌。
日焼けによるシミ・そばかすを防ぐ。
日焼け・雪焼け後のほてりを防ぐ。
肌をなめらかにする。
皮膚を清浄にする。

❽ 薬用石けん（洗顔料を含む）
＜殺菌剤主剤のもの（消炎剤主剤のものをあわせて配合するものを含む）＞
皮膚の清浄・殺菌・消毒。
体臭・汗臭およびニキビを防ぐ。
＜消炎剤主剤のもの＞
皮膚の清浄、ニキビ、かみそりまけおよび肌あれを防ぐ。

（注1）「メラニンの生成を抑え、シミ・そばかすを防ぐ。」も認められる。
（注2）上記にかかわらず、化粧品の効能の範囲のみを標榜するものは、医薬部外品としては認められない。

引用元：『化粧品・医薬部外品　製造販売ガイドブック』2017（薬事日報社）

POINT

- 右ページの化粧品の効能効果に加え、成分による薬理的な作用（薬的な作用）によって「防ぐ」「予防する」ことがプラスされる
- 医薬部外品であっても薬用化粧品以外は化粧品の効能効果を謳うことはできない

かずのすけ
COLUMN

医薬品をスキンケアとして使うのはNG!

「医薬品」をエイジングケアなどの美容目的で使用する消費者が増えています。これらはどれも安心して使用できる化粧品と違い、病気の治療を目的とした薬。医薬品は正しく使用するからこそ安全であり、テレビ番組やSNSで話題になっている使い方を安易な気持ちで試すのはとても危険です。ここでは誤った使用例と副作用の例を紹介します。本来の用途を逸脱した利用は医療費圧迫などにつながる大きな社会問題です。絶対に控えましょう。

事例1）ルミガン®

まつ毛が伸びる!?

ルミガン®は緑内障の治療に用いられる目薬。「まつげが伸びる！」とSNSで話題になり、処方箋なしで購入できる個人輸入をしてまで手に入れようとする人たちも。この薬の主成分「ビマトプロスト」にはまつげの発育周期を乱す副作用があり、本来はある程度の長さで止まるはずのまつげが伸び続けるようになってしまいます。実際、この成分はまつげ貧毛症の治療薬としても用いられていますが、パンダのように目の周りが黒くなる「色素沈着」、「眼圧低下」による眼球の陥没、重度の「充血」等の副作用も報告されています。最悪の場合、視力を失う可能性もあります。

美容目的で利用される医薬品リスト

医薬品概要	用途	主な有効成分	期待される効果	副作用
緑内障・高眼圧症治療剤	まつ毛美容液	プロスタグランジン類似体（ビマトプロスト）	まつ毛の増毛・育毛	充血・皮膚薄化・色素沈着・眼圧低下
皮膚疾患・外傷治療薬	毛穴パック	クロルヘキシジングルコン酸塩	角栓の摘出・皮膚軟化	皮膚の炎症・刺激・かゆみ・面皰の悪化
痔疾用外用薬	目元美容液	プレドニゾロン酢酸エステル	しわの消失・抗炎症	皮膚過敏症・かゆみ・皮膚薄化・血管拡張・眼圧上昇
血行促進・皮膚保湿剤	皮膚保湿剤	ヘパリン類似物質	保湿効果・しわの消失	灼熱感・皮膚刺激・かゆみ・炎症（比較的低リスク）
シミ・そばかす・肝斑治療薬	美白剤	ハイドロキノン（P98）	美白効果・シミの消失	皮膚の白抜け（白斑）・刺激・炎症・かゆみ

事例2）オロナイン®

毛穴の黒ずみがとれる!?

家庭用の傷薬として広く認知されているオロナイン®。主成分は「クロルヘキシジングルコン酸塩」という抗菌薬（消毒剤）ですが、「まぶたに塗ると二重になる！」「目の下に塗ると涙袋ができる！」「毛穴パック前に使うと角栓がおもしろいほどとれる！」等、なぜか本来の目的以外で使用する人が続出。もちろん、ただの消毒剤にそのような効果の裏づけはなく、むしろ不必要な抗菌作用によって肌の皮膚常在菌環境を乱してしまう可能性が高いため、慢性的な肌あれの原因にもなりかねません。

事例3）ボラギノール®

目尻に塗るとしわがなくなる!?

「目尻に塗るとしわが消える！」某有名タレントがテレビで発言したことが発端で拡散したもの。ボラギノール®は痔の治療薬ですが、主成分はプレドニゾロン酢酸エステル、いわゆる「ステロイド」の一種です。かゆみや炎症を抑えて肌の再生を助ける効能がある一方、肌の免疫や再生機能を低下させる副作用があります。ステロイドの効果で肌の調子が一時的によくなるかもしれませんが、ステロイドには眼圧を上昇させる作用もあり、長期使用で視力を奪われてしまった例も過去に報告されています。目の周りの使用は大変危険です。

事例4）ヒルドイド®

高級クリーム以上の保湿効果!?

ヒルドイド®は皮膚科などで処方されている皮膚の保湿剤。とある医師が「数百円で入手できる保険適用薬なのに3万円の化粧品より効果がある！」と発信したことから本来の使用法を超えた利用が横行、2年間で10億円もの医療費を圧迫し、社会問題にもなりました。ヒルドイドは「ヘパリン類似物質」の効果で血行促進作用があるだけで特別な美容効果はなく、炎症などに塗るとかゆみが強くなったり、皮膚刺激を感じたりする場合も。長期使用を念頭につくられているものではないので化粧品のように利用した際の安全性も不確かです。

シロクロ先生厳選！

まだまだある！ 注目の美容成分一覧

1 ペプチド類

「ペプチド」とは、合成やバイオ技術によってつくられたアミノ酸を数個〜数十個、百数個つなげたもの。細胞同士の会話となっているタンパク質をヒントに開発されたものが多く、効果ごとに非常に多くの成分が開発されています。表示名称では「○○ペプチド-△△」と表示され、○○はペプチドの種類やアミノ酸の数など、△△は通し番号の数字が入ります。2018年3月現在で350を超える非常に多くの成分名が登録されていますが、以下にその中でもよく使われる代表例を挙げてみました。

ヒト遺伝子組換オリゴペプチド－1（旧名称：ヒトオリゴペプチド-1）

EGF（上皮細胞成長因子）。EGFは加齢とともに減少するといわれている。加齢した表皮に働きかける。

オリゴペプチド-24

EGFと同じ作用を持つ合成ペプチド。EGFより安定性が高いのが特徴。

アセチルデカペプチド－3

FGF（線維芽細胞増殖因子）様作用を持つ合成ペプチド。加齢した真皮に働きかける。

パルミトイルトリペプチド－5

真皮コラーゲンの合成を促すことでシワを改善するといわれている合成ペプチド。

アセチルヘキサペプチド－8

原料名「アルジルリン」として有名なボトックス様作用を持ち、表情筋によるシワに効果的な成分。

ビオチノイルトリペプチド－1

まつ毛への効果が報告されている合成ペプチド。

パルミトイルトリペプチド－1

くちびるをふっくらさせる効果があるといわれている合成ペプチド。

② 幹細胞に着目した成分

ヒトや植物の幹細胞を培養した際に、細胞外に放出されるさまざまな有用成分を豊富に含むエキス。幹細胞ブームにより多くの成分名が登録されています。成分名に「細胞」「培養」という文字が入るのが特徴。

ヒト脂肪細胞順化培養液エキス

ヒトの脂肪幹細胞から分泌される成分を豊富に含み、さまざまな美肌効果があるといわれている。

リンゴ果実培養細胞エキス

4ヵ月腐らないといわれるリンゴの幹細胞を培養して得られるエキス。表皮に働きかける。

③ 皮膚常在菌に着目した成分

最近の研究で、腸だけでなく肌の上に存在する皮膚常在菌の重要性が着目されています。まだまだわからないことも多いですが、今後、関連した成分が開発されていくものと思われます。

α-グルカンオリゴサッカリド

植物由来のオリゴ糖。皮膚に有益な菌を選択的に活性化する効果があるといわれている。

エンテロコッカスフェカリス

乳酸菌の一種「エンテロコッカスフェカリス」の加熱処理末。肌フローラ（皮膚常在菌叢）を整える効果があるといわれている。

これが トレンド

サスティナビリティ（持続可能な原料）や環境への配慮の観点から、合成成分よりも圧倒的に植物エキスの開発が多いのが現状。この他、さまざまな機能を有する植物エキスが次々と開発されています！

界面活性剤リスト

分類	種類	成分名称の例	説明
陰イオン界面活性剤（アニオン界面活性剤）	石けん系	ラウリン酸Na	Naは「ナトリウム」、Kは「カリウム」と読む。弱アルカリ性を示す界面活性剤で、ヤシ油から得られるラウリン酸などの「高級脂肪酸」とアルカリ剤を直接化合させてつくる（中和法）ものが主流だが、昔ながらの製法である、パーム油などの「植物油脂」類と水酸化Naや水酸化Kなどの「アルカリ剤」を主原料として製造する（けん化法）のタイプもある。 ナトリウム石けんは固形石けんとして用いられ、カリウム石けん（カリ石けん）は水溶性の高さからペーストや液体石けんとして利用される。「石けん素地」はナトリウム石けん、「カリ石けん素地」はカリウム石けん、「カリ含有石けん素地」はNaとKの混合石けんのこと。 ミネラルが多い硬水中や、中性や酸性で洗浄力を失ってしまう弱点がある。金属イオンと結合して不溶性の白色沈殿（金属石けん）を生じ、洗浄後のつっぱり感につながることも。
		ミリスチン酸Na	
		パルミチン酸Na	
		ステアリン酸Na	
		オレイン酸Na	
		ラウリン酸K	
		ミリスチン酸K	
		パルミチン酸K	
		ステアリン酸K	
		オレイン酸K	
		石けん素地	
		カリ石けん素地	
		カリ含有石けん素地	
		ミリスチン酸、パルミチン酸、ステアリン酸、水酸化Na	石けんの成分表示法は原材料の「高級脂肪酸」と「アルカリ剤」を分けて書いてもよいというルールがある。また原材料の「油脂」と「アルカリ剤」を分けて書く場合もある。
		ラウリン酸、ミリスチン酸、ステアリン酸、水酸化K	
		ヤシ油、水酸化Na	
		パーム油、水酸化K	
	アルキル硫酸系	ラウリル硫酸Na	歴史的に最も早く洗浄剤に利用された合成界面活性剤で、非常に高い洗浄力が特徴。pHの影響を受けにくく、硬水中でも問題なく使用できたため長く重宝されたが、刺激性の高さなどから現在日本ではほとんど用いられなくなっている。
		ラウリル硫酸TEA	
		ラウリル硫酸アンモニウム	
		ココアルキル硫酸Na	
	ラウレス硫酸系	ラウレス硫酸Na	ラウリル硫酸塩を改良してつくられた合成界面活性剤で、コストパフォーマンスが高く、現在のトイレタリー製品や化粧品洗浄剤で最も広く用いられている。ラウリル硫酸塩の構造にノニオン性の性質をもつポリオキシエチレン基を付加することで、刺激性が低下し安全性が高まっている。
		ラウレス硫酸TEA	
		ラウレス硫酸アンモニウム	
		（C12,13）パレス硫酸Na	
	スルホン酸系	ドデシルベンゼンスルホン酸Na	直鎖アルキルベンゼンスルホン酸Naのこと。衣類用洗剤として主に用いられており化粧品用途ではほぼ用いられない。
		オレフィン（C12-14）スルホン酸Na	ドデシルベンゼンスルホン酸Naを改良してつくられた洗浄成分。α-オレフィン構造（二重結合）を持ち生分解を受けやすい。硫酸系（サルフェート系）洗剤フリーのシャンプーなどで利用。
		オレフィン（C14-16）スルホン酸Na	

陰イオン界面活性剤（アニオン界面活性剤）	スルホコハク酸系	スルホコハク酸ラウリル2Na	同一分子内に酢酸とスルホン酸の2つの構造を持つ。スルホン酸系とエーテルカルボン酸系の中間的な性質がある。起泡性に優れた低刺激性の界面活性剤。
		スルホコハク酸ラウレス2Na	
		スルホコハク酸（C12-14）パレス-2Na	
	エーテルカルボン酸系	ラウレス-4カルボン酸Na	石けんに類似した構造を持ちながら、ノニオン性の性質をもつポリオキシエチレン基を付加することで、安全性が高まるのと同時に弱酸性でも泡立つ特性から「酸性石けん」とも呼ばれる（サロン専売品のシャンプーなどに主に用いられている）。
		ラウレス-5酢酸Na	
		トリデセス-6カルボン酸Na	
		トリデセス-3酢酸Na	
	イセチオン酸系	ココイルイセチオン酸Na	国内での利用頻度は低めだが、単体では白色の粉末成分のため弱酸性の固形洗剤などとして利用されるケースが多い。シャンプーなどに添加されるケースも。
		ラウロイルイセチオン酸Na	
		ラウロイルメチルイセチオン酸Na	
	タウリン系	ココイルメチルタウリンNa	アミノ酸の一種であるタウリンを原材料にしてつくられた洗浄成分。ラウレス硫酸系のようにpHの影響を受けにくいが、肌への負担は大幅に下がっている（高級シャンプーなどによく用いられている）。
		ココイルメチルタウリンタウリンNa	
		ラウロイルメチルタウリンNa	
	アミノ酸系	ココイルサルコシンNa	中性アミノ酸であるグリシンやアラニンを主原料につくられたアミノ酸系界面活性剤。中性領域で泡立つのが特徴。低刺激性のシャンプーやボディソープの主成分などに用いられている。サルコシン系はアミノ酸系としては最も古くつくられた成分だが、旧表示指定成分となっているため、国内での採用例は多くない。
		ココイルサルコシンTEA	
		ラウロイルサルコシンNa	
		ラウロイルサルコシンTEA	
		ココイルメチルアラニンNa	
		ラウロイルメチルアラニンNa	
		ラウロイルメチルアラニンTEA	
		ココイルグリシンK	
		ココイルグリシンNa	
		ラウロイルアスパラギン酸Na	酸性アミノ酸であるアスパラギン酸、グルタミン酸などを出発原料につくられたアミノ酸系界面活性剤。弱酸性で最も泡立つのが大きな特徴。他の洗浄成分に比べると泡立ちはやや劣る（他の陰イオン界面活性剤の洗浄力や刺激性を緩和する作用があるため、他の成分と混合して用いられることも多い）。
		ココイルグルタミン酸K	
		ココイルグルタミン酸Na	
		ココイルグルタミン酸TEA	
		ココイルグルタミン酸2Na	
		ラウロイルグルタミン酸Na	
		ラウロイルグルタミン酸TEA	
	加水分解タンパク系	ココイル加水分解カゼインK	タンパク質を加水分解して得られるペプチド（アミノ酸がつながったもの）を主原料にした界面活性剤。PPTシャンプーなどと呼ばれ、マイルドな使用感の高級シャンプーなどに主成分として用いられている。「シルク」や「コラーゲン」など保湿成分や皮膚や毛髪に存在する成分のような名称から高いイメージアップ効果もある。
		ココイル加水分解ケラチンK	
		ココイル加水分解コムギタンパクNa	
		ココイル加水分解コラーゲンK	
		ココイル加水分解ダイズタンパクK	
		ラウロイル加水分解エンドウタンパクK	
		ラウロイル加水分解コラーゲンK	
		ラウロイル加水分解コラーゲンNa	
		ラウロイル加水分解シルクNa	

陽イオン界面活性剤（カチオン界面活性剤）	第四級アンモニウム系	ベンザルコニウムクロリド	菌の細胞膜を破壊する力が強く、殺菌剤や防腐剤として用いられる陽イオン界面活性剤。
		セチルピリジニウムクロリド	
		ステアルトリモニウムクロリド	トリートメントやリンス、コンディショナーなどの主成分として使われる。高い毛髪柔軟効果と帯電防止作用があるが、刺激が強めなので洗い流しのヘアケア製品に用いられるのが基本。スキンケアではほぼ使われない。
		ステアルトリモニウムブロミド	
		セトリモニウムクロリド	
		セトリモニウムブロミド	
		ベヘントリモニウムクロリド	
		ラウリルトリモニウムクロリド	
		ラウリルトリモニウムブロミド	
		ステアルトリモニウムメトサルフェート	低刺激化された第四級アンモニウム塩で、やや高額なサロントリートメントや低刺激性を謳う製品に配合されている。
		セトリモニウムメトサルフェート	
		ベヘントリモニウムメトサルフェート	
		イソステアラミドプロピルエチルジモニウムエトサルフェート	
	第三級アミン系	イソステアラミドプロピルジメチルアミン	第四級アンモニウム塩と比較して低刺激な陽イオン界面活性剤で、敏感肌向けのトリートメントや柔軟剤などに用いられている。柔軟効果や帯電防止作用は穏やか。
		コカミドプロピルジメチルアミン	
		ステアラミドプロピルジメチルアミン	
		ステアロキシプロピルジメチルアミン	
		ベヘナミドプロピルジメチルアミン	
	その他のカチオン成分	クオタニウム-〇（〇には数字が入る）	第四級アンモニウム塩を骨格に毛髪により浸透しやすい構造などを付与した成分や殺菌力を有する成分がある。
		イソアルキル（C10-40）アミドプロピルエチルジモニウムエトサルフェート	
		ココイルアルギニンエチルPCA	アミノ酸系の陽イオン界面活性剤。低刺激性。
		カチオン化加水分解コムギタンパク-1	加水分解コムギやキトサン、コラーゲン、ヒアルロン酸などのポリマー成分と陽イオン界面活性剤を合体させて吸着性を持たせた保湿・毛髪補修成分。通常の成分より毛髪への吸着性が上がっていて、弱い帯電防止作用や柔軟効果も持つ。
		カチオン化加水分解コンキオリン-2	
		キトサンヒドロキシプロピルトリモニウムクロリド	
		グアーヒドロキシプロピルトリモニウムクロリド	
		ヒドロキシプロピルトリモニウム加水分解ケラチン	
		ヒドロキシプロピルトリモニウム加水分解コラーゲン	
		ヒドロキシプロピルトリモニウム加水分解シルク	
		ラウリルジモニウムヒドロキシプロピル加水分解コムギタンパク	
		セテアラミドエチルジエトニウムサクシノイル加水分解エンドウタンパク	
		ヒアルロン酸ヒドロキシプロピルトリモニウム	

両性イオン界面活性剤	アルキルベタイン系	ラウリルベタイン	洗浄剤として用いられる両性イオン界面活性剤。両性系の中ではやや刺激がある。
		オレイルベタイン	
		ココベタイン	
	アミドベタイン系	コカミドプロピルベタイン	低刺激の洗浄剤として用いられている両性イオン界面活性剤。非常に低刺激な成分のため、ベビーシャンプーや敏感肌用シャンプーなどに配合される他、陰イオン界面活性剤などの刺激を緩和する目的でも使われる。
		ラウラミドプロピルベタイン	
		ババスアミドプロピルベタイン	
		パーム核脂肪酸アミドプロピルベタイン	
		コカミドプロピルヒドロキシスルタイン	
		ラウラミドプロピルヒドロキシスルタイン	
	イミダゾリン系	ココアンホ酢酸Na	
		ココアンホジ酢酸2Na	
		ココアンホプロピオン酸Na	
		ココアンホジプロピオン酸2Na	
		ラウロアンホ酢酸Na	
		ラウロアンホジ酢酸2Na	
	スルタイン系	ラウリルヒドロキシスルタイン	両性界面活性剤の中でも洗浄力が高く、さっぱりした使用感を持つ。最近、採用が増えている。
	レシチン系	レシチン	天然（ダイズ、卵黄）由来の低刺激の界面活性剤。他の両性界面活性剤と異なり洗浄作用は非常に弱く、レシチンや水添レシチンは乳化剤としてクリーム、乳液に、水酸化レシチン、リゾレシチン類は可溶化剤として化粧水に使用される。またリポソームをつくる際にも利用される。
		水添レシチン	
		水酸化レシチン	
		リゾレシチン	
		水添リゾレシチン	
	その他	アルキル（C12,14）オキシヒドロキシプロピルアルギニンHCl	陽イオン界面活性剤の代用としてノンカオチンリンスなどに使われている両性イオン系柔軟成分。
非イオン界面活性剤（ノニオン界面活性剤）	アルキルエーテル系	ラウレス-○	「ポリオキシエチレンアルキルエーテル」の化粧品表示名である。酸、アルカリに強く、主に乳化剤として用いられている。○に入る数字によって親油/親水バランスが変わり、用途や性質がそれぞれ異なる（数字が大きい方が親水性が高くなる）。
		ステアレス-○	
		(C12-14）パレス-○	
		セテス-○	
		オクチルドデス-○	
	PEG・PPGエステル系	PEG-○ヒマシ油	主に乳化剤としてクリーム、乳液に、可溶化剤として化粧水に広く使用される非イオン界面活性剤。アルキルエーテル系より低刺激である傾向がある。特に水添ヒマシ油系は医薬品（注射液）などにも使用される。○に入る数字によって親油/親水バランスが変わり、用途や性質がそれぞれ異なる（数字が大きい方が親水性が高くなる）。
		PEG-○水添ヒマシ油	
		PEG-○水添ラノリン	
		PEG-○ホホバ油エステルズ	
		PPG-○ステアリル	
	エステル/エーテル複合系	イソステアリン酸ラウレス-○	
		ステアリン酸ラウレス-○	
		イソステアリン酸PEG-○水添ヒマシ油	

非イオン界面活性剤	ソルビタンエステル系	イソステアリン酸ソルビタン	主に乳化剤としてクリーム、乳液に、可溶化剤として化粧水に広く使用される非イオン界面活性剤。ソルビタンは糖アルコールの1種であるソルビトールの誘導体。○に入る数字によって親油/親水バランスが変わり、用途や性質がそれぞれ異なる（数字が大きい方が親水性が高くなる）。
		イソステアリン酸PEG-○ソルビタン	
		ステアリン酸PEG-○ソルビタン	
		セスキオレイン酸ソルビタン	
		PEG20-ソルビタンココエート	
		ポリソルベート-○	
	グリセリンエステル系	ステアリン酸グリセリル	乳化剤として非常に多くのクリーム、乳液に使用されている。（SE）は自己乳化型の意味で少量の石けんを含んでいる。
		ステアリン酸グリセリル（SE）	
		オリーブ油脂肪酸グリセリル	
		オレイン酸ポリグリセリル-○	親水基について、石油由来であるPEG部分の代わりに植物由来のグリセリンを利用したもので、ナチュラル系コスメなどに広く使われている。○に入る数字によって親油/親水バランスが変わり、用途や性質がそれぞれ異なる（数字が大きい方が親水性が高くなる）。
		ラウリン酸ポリグリセリル-○	
		ジイソステアリン酸ポリグリセリル-○	
	PEGグリセリンエステル系	ヤシ油脂肪酸PEG-○グリセリル	化粧水〜クリームまで広く使われるが、クレンジングの洗い流し用乳化剤として用いられていることも多い。○に入る数字によって親油/親水バランスが変わり、用途や性質がそれぞれ異なる（数字が大きい方が親水性が高くなる）。
		イソステアリン酸PEG-○グリセリル	
		トリイソステアリン酸PEG-○グリセリル	
	アルキルグルコシド系	デシルグルコシド	他のノニオンが洗い流さないものに多く使われるのに対し、これはシャンプーの補助洗剤などとして用いられることがある。刺激は少ないが脱脂力が強めのため配合量に注意が必要。食器用洗剤の補助洗剤やオーガニック系などのシャンプーによく使われている。
		ラウリルグルコシド	
		ヤシ油アルキルグルコシド	
		アルキル（C○-○）グルコシド	
		カプリリルグルコシド	
		セテアリルグルコシド	
	ショ糖脂肪酸エステル系	ステアリン酸スクロース	主にクリームなどの乳化剤として用いられている低刺激の非イオン界面活性剤。食品添加物としても使用される。スクロースは糖の一種（ショ糖）である。
		ポリオレイン酸スクロース	
		ジラウリン酸スクロース	
		ヤシ脂肪酸スクロース	
特殊な界面活性剤	シリコーン系	PEG/PPG-30/10ジメチコン	シリコーンの乳化を助けるノニオン界面活性剤。シリコーンを含むクリームやメークアップ製品、UV製品などに配合されている。シリコーン特有の使用感を付与するためにも使われる。
		PEG-10メチルエーテルジメチコン	
		PPG-25ジメチコン	
	フッ素系	パーフルオロアルキル（C6-16）エチルリン酸アンモニウム	フッ素系の樹脂成分などを乳化するために用いられる界面活性剤。崩れ防止系のメイクアップ製品などに配合されている。
		パーフルオロアルキル（C8-18）エチルリン酸DEA	
		（トリフルオロプロピルジメチコン/PEG-10）クロスポリマー	
	その他	ジラウロイルグルタミン酸リシンNa	極低濃度で乳化作用を発揮する界面活性剤で、シャンプーやトリートメントの等の乳化助剤として用いられている。

界面活性剤毒性・刺激性一覧

種類	成分名	経口毒性値（LD50:ラット）	皮膚刺激性（濃度）	目刺激性（濃度）	補足
陰イオン界面活性剤	ステアリン酸Na	5g/kg	刺激なし（100%）	重度	石けん。パッチテストでは皮脂と中和して分解するため無刺激になるデータ多し。アルカリ性のため目刺激は非常に強い。
	ラウリン酸Na	データなし	中度	重度	
	オレイン酸Na	25g/kg	データなし	データなし	
	ラウリル硫酸Na	0.8 ～ 1.1g/kg	重度（10%）	重度（30%）	最初につくられた合成洗剤。残留性と刺激が強く、昨今ではほとんど用いられていない。
	ラウリル硫酸アンモニウム	4.7ml/kg	重度（10%）	重度（30%）	
	ラウレス硫酸Na	1.6g/kg	極微(7.5%)	中度（7.5%）	ラウリル硫酸Naを改良してつくられた洗剤。刺激が緩和しており現在の洗剤製品の主流成分。
	ラウレス硫酸アンモニウム	1.7g/kg	極微(7.5%)	中度（7.5%）	
	ラウリルベンゼンスルホン酸Na	0.438g/kg	中度	重度（1%）	ラウリル硫酸Naと同時期につくられた合成洗剤の分岐鎖アルキルベンゼンスルホン酸Na（ABS洗剤）を改良したもの。刺激が強い。
	ラウロイルサルコシンNa	4.2 ～ 5g/kg	極微(30%)	極微（3%）	最初につくられたアミノ酸系界面活性剤。その他のアミノ酸系に比べれば若干刺激があるがそれでも陰イオン系の中では低刺激。
陽イオン界面活性剤	塩化ベンザルコニウム	0.24g/kg（経口） 0.014g/kg（静注）	軽度（0.1%） 紅斑（1%） 壊死（50%）	中度（1%） 重度（10%）	数ある界面活性剤の中でも最も刺激や毒性が強い。強力な細胞毒性を利用して殺菌剤として用いられている。
	セトリモニウムクロリド	0.25g/kg	中度（2.5%）	重度（10%）	第四級アンモニウム塩。トリートメントや柔軟剤の主成分。高濃度だと刺激が強い。
	ステアルトリモニウムクロリド	0.53g/kg	データなし	重度（5%）	
両性イオン界面活性剤	ラウラミンオキシド	1.08g/kg	極微（5%）	極微（5%）	両性イオン界面活性剤は全般的に毒性がとても低く、皮膚刺激も非常に低い。敏感肌向けの洗剤としてベビーソープなどに利用されている。
	コカミドプロピルベタイン	4.9g/kg	中度(15%)	軽度（10%）	
	ココアンホジ酢酸2Na	16.6g/kg	刺激なし（10%）	軽度（10%）	
	ココアンホジプロピオン酸2Na	16.3g/kg	刺激なし（25%）	極微（25%）	
	ココアンホ酢酸Na	28ml/kg	軽度（16%）	極微（16%）	
	ココアンホプロピオン酸Na	20ml/kg	極微（15%）	極微（16%）	
非イオン界面活性剤	ジラウリン酸グリセリル	5g/kg	刺激なし（100%）	刺激なし（100%）	非イオン界面活性剤は高濃度でもほぼ無刺激のものが多く、塗りおき化粧品の乳化剤として用いられている。シャンプーやボディソープなどの洗浄助剤としても利用されているが泡立ちが弱く主要な洗剤として使用できるものは少ない。
	ステアリン酸グリセリル	5g/kg	刺激なし（100%）	刺激なし（100%）	
	ステアリン酸グリセリル（SE）	5g/kg	刺激なし（100%）	刺激なし（100%）	
	ヤシ脂肪酸DEA（コカミドDEA）	データなし	刺激なし（100%）	データなし	
	ポリオキシエチレン硬化ヒマシ油	5g/kg	軽度（100%）	軽度（100%）	
	ステアリン酸ソルビタン	15g/kg	極微（50%）	刺激なし（30%）	
	ラウリン酸ソルビタン	33.6 ～ 41.25g/kg	極微（100%）	極微（100%）	
	PEG-(4,5,6,20)	31.7 ～ 59g/kg	刺激なし（100%）	刺激なし（100%）	
	ラウレス-(6,7,9)	1.6 ～ 5.6g/kg	軽度（100%）	軽度（100%）	
	ポリオキシエチレンラウリルエーテル	25g/kg	データなし	刺激なし（1%）	
	ポリソルベート(20,40,60…)	30 ～ 54.5ml/kg	極微（100%）	刺激なし（10%）	

参考：『油脂・脂質・界面活性剤データブック』 日本油化学会編（丸善出版）より

水性基剤（水性ベース成分）毒性・刺激性一覧

成分名	経口毒性値（LD50:ラット）	皮膚刺激性（原液）	目刺激性（原液）	補足
グリセリン	27ml/kg	刺激性なし	刺激性なし	低刺激性保湿剤として汎用
BG（1,3-ブチレングリコール）	23g/kg	極微の刺激性	刺激性なし	低刺激性保湿剤として汎用
PG（プロピレングリコール）	21g/kg	極微の刺激性	軽度の刺激性	浸透性高く近年利用頻度減少
DPG（ジプロピレングリコール）	15g/kg	軽度な刺激性	刺激性あり	PGの代替として汎用
プロパンジオール	データなし	データなし	データなし	PGの異性体、安全性データ不足
ペンチレングリコール	12.7g/kg	データなし	データなし	経口毒性以外のデータ不足
エタノール	7g/kg	刺激性あり	刺激性あり	揮発性高く高濃度では殺菌作用あり
ヘキシレングリコール	4.7g/kg	刺激性あり	重度の刺激性	主に防腐剤として利用
1,2-ヘキサンジオール	データなし	データなし	データなし	ヘキシレングリコールの異性体、データ不足

参考：『油脂・脂質・界面活性剤データブック』 日本油化学会編（丸善出版）より

現在、化粧品原料は動物実験が実質 NG となっているため、プロパンジオールなど新しい成分についてはこのようなデータが存在しません。データが古いことから精製度も不明なものがあるので、あくまでひとつの目安と考えてもよいかもしれませんね。

油性基剤（油性ベース成分）毒性・刺激性一覧

種類	成分名	経口毒性値（LD50:ラット）	皮膚刺激性（濃度※）	目刺激性（濃度※）	補足
油脂	ヤシ油	5g/kg	刺激なし	極微	油脂類はトリグリセリドの構造を持つオイル。グリセリンと3つの高級脂肪酸の化合物である。皮脂の主要構成成分のため保湿作用があり低刺激性のものが多い。ただし不飽和脂肪酸系の分解しやすいものは刺激のデータも。
	ヒマシ油	4ml/kg	軽度	軽度	
	トウモロコシ油（コーン油）	100ml/kg	データなし	データなし	
	綿実油	15g/kg	刺激なし	データなし	
	オリーブ果実油	1.32g/kg	軽度	データなし	
	サフラワー油	5g/kg	軽度	軽度	
	ダイズ油	5.48g/kg	データなし	刺激なし（20%）	
炭化水素油	イソドデカン	2g/kg	極微	刺激なし	炭素と水素のみで構成された油状物質。全般的に極低刺激性で皮膚保護剤としてワセリンやミネラルオイルが利用されている。
	イソヘキサデカン	46.4ml/kg	刺激なし	刺激なし	
	スクワラン	50ml/kg	刺激なし	刺激なし	
	パラフィン（ワセリン等）	5g/kg	刺激なし	極微	
	マイクロクリスタリンワックス	10g/kg	極微	極微	
	流動パラフィン（ミネラルオイル）	22ml/kg	刺激なし	刺激あり	
エステル（ロウ類）	ミリスチン酸ミリスチル	14.43g/kg	極微	極微	骨格にエステル結合を持つオイルやロウ類。ホホバ種子油などもこの仲間。一般には低刺激のものも多いがラノリンには不純物由来のアレルギー性の報告が見られ、一部の合成エステルには極軽度の刺激が確認されている。
	ミリスチン酸イソプロピル	16ml/kg	極微	極微	
	パルミチン酸イソプロピル	100ml/kg	刺激なし	刺激なし	
	キャンデリラロウ	5g/kg	刺激なし	刺激なし	
	カルナウバロウ	データなし	刺激なし	データなし	
	ミツロウ	5g/kg	刺激なし	極微	
	ステアリン酸イソプロピル	8ml/kg	極微	刺激なし	
	ステアリン酸エチルヘキシル	8ml/kg	極微	軽度	
	オレイン酸イソデシル	40ml/kg	極微	軽度	
	ラノリン	64ml/kg	極微	極微	
高級アルコール	セタノール	8.2g/kg	極微	極微	長鎖骨格を持つアルコール類。アルコール構造による浸透性により軽度の刺激を持つものが多め。
	ミリスチルアルコール	8.0g/kg	データなし	データなし	
	イソステアリルアルコール	20g/kg	データなし	データなし	
	ステアリルアルコール	8.0g/kg	軽度	軽度	
	オレイルアルコール	データなし	極微	軽度	
高級脂肪酸	ラウリン酸	12g/kg	軽度	刺激あり	長鎖骨格を持つ脂肪酸類。油脂を分解すると得られる物質で皮膚の弱酸性を司っているとされる。ラウリン酸には若干の皮膚刺激あり。石けんの主成分にも用いられる。
	ミリスチン酸	10g/kg	刺激なし	極微	
	パルミチン酸	10g/kg	刺激なし	刺激なし	
	ステアリン酸	5g/kg	極微	刺激なし	
	オレイン酸	21ml/kg	極微	極微	

参考：『油脂・脂質・界面活性剤データブック』 日本油化学会編（丸善出版）より

対談

かずのすけ×シロクロ先生

——本書の制作期間は、約2年間。完成した感想はいかがですか？

かずのすけ（以下**か**） ひと言でいうと大変でした（笑）。美容に関する考え方というのは人それぞれ。白野さんとも7割ぐらいは一緒だけど、残りの3割ぐらいは見解が違うところがあります。それをすり合わせて詰めていくのに時間がかかりました。

シロクロ先生（以下**シ**） 彼の意見に対して私が「それって、エビデンスあるの？」と厳しく突っ込むこともあったりしたよね（笑）。

——お互い一歩も引かないような場面もありましたが。

シ 我々としては別にバトルを繰り広げたわけじゃないんです。私は肌の弱い彼がこれまで自分の体験として発信してきたことが、変に誤解されないようにしたかっただけ。やはり、影響力のある人なので、発信するからにはきちんと科学的根拠があるべきだと思ったし、そこは私も譲れないところだったので。

か 「この成分はよくない」「危険です」というようなネガティブな情報は、一般的にウケがいいわけです。僕もブログを書き始めた頃はその辺をセンセーショナルに訴えるということをやっていましたが、何年か美容の世界に携わるうちに、そういう情報の出し方ってよくないなって思うようになりました。化粧品は「あれもダメ、これもダメ」と消去法で選ぶのではなく、大切なのは、1つひとつの成分がどういう効果を持っているのかをきちんと理解することだと思います。

——だから要注意成分もダメな理由を詳しく解説しているんですね。

か はい。それを実現するためにも、僕自身もう一度勉強し直す必要がありました。今までは自分が持っている知識だけで本をつくってきましたが、今回、専門家である白野さんのお力を借りたのはそのためです。化粧品のすべての成分には、メリットもデメリットもあります。僕はあくまで敏感肌の代表として語っているだけ。だから、おすすめ成分と要注意成分についても2人で意見が分かれているところもあるんです。

シ それは自然なことだよね。肌に合うか合わないか、効果的か

まずは、使って自分の肌に聞いてみるのが大切。

消去法で選ぶのではなく、成分を理解して選んでほしい。

どうかの個人差は、本当に大きいから。例えば、ビタミンC誘導体がニキビに有効かどうかも人それぞれ。この成分が入っているからやめよう、じゃなく、この成分が入っているから使ってみようって思っていただけると嬉しいです。今回、意見も立場も異なる2人がまとめたのでどこにもない本になったんじゃないかなと。その意味でも本書は役に立つのではないかと思います。ほぼ消費者目線、中立に解説できたと自負しています。ぜひ一家に1冊、いや1人1冊備えてほしいですね（笑）。

——最後に、読者へメッセージをお願いします。

か 化粧品を使うときには、まずちゃんと中身を見てほしい。僕の考えは、これにつきます。市販の化粧品というのはもちろん安全性が担保されているわけですが、自分でも成分を把握できた方がいい。SNSなどのおすすめを鵜呑みにしないで、自ら考えるクセをつけてほしいと思っています。本書はそのための最強の武器になったんじゃないかと思っています。

シ あえて真逆なことを言うようだけど……。私は成分だけで化粧品を選ぶのではなく、サンプル等を利用してまず使ってみる。そしてそれが合うかどうかを「自分の肌に聞いてみる」のが一番大切だと思っています。自分の肌にしっくりくるかどうか。成分を確かめるのは、その後でいい。もし合わなかったら、どの成分が合わなかったのかを見て、別の○○系のものに変えてみよう…そんなふうに、活用していただければと思います。

——化粧品を選ぶ目が変わりました！ ありがとうございました。

ラウレス硫酸系……224
ラウレス硫酸Na……22、64、65、224、229
ラウレス硫酸TEA……224
ラウレス硫酸アンモニウム……224、229
ラウレス硫酸Na……224、229
ラウロアンホ酢酸Na……227
ラウロアンホジ酢酸2Na……227
ラウロアンホプロピオン酸Na……67
ラウロイルアスパラギン酸Na……225
ラウロイルイセチオン酸Na……225
ラウロイル加水分解エンドウタンパクK……225
ラウロイル加水分解コラーゲンK……225
ラウロイル加水分解コラーゲンNa……225
ラウロイル加水分解シルクNa……225
ラウロイルグルタミン酸Na……65、225
ラウロイルグルタミン酸TEA……225
ラウロイルグルタミン酸ジ（フィトステリル/オクチルドデシル）……127
ラウロイルサルコシンNa……65、225、229
ラウロイルサルコシンTEA……225
ラウロイルヒドロキシスルタイン……67
ラウロイルメチルアラニンNa……65、131、139、231
ラウロイルメチルアラニンTEA……225
ラウロイルメチルイセチオン酸Na……225
ラウロイルメチルタウリンNa……225
ラジカルスポンジ……112
ラノリン……231
ラベンダー水……44、46
ラベンダー花エキス……199
ラベンダー油……192、193、197
ラメラ構造……117
ランガー割線……143
ランゲルハンス細胞……79、81、84、121
リゾレシチン……227
リップアイテム（スティック、バーム、グロス）……36
リップティント……177
リナロール……195
リノール酸……58、149
リノール酸S……95、97
リノレックスS……97
リパーゼ……149
リモネン……192、195
硫酸系（サルフェート系）洗剤……64
流動パラフィン……56
流動パラフィン（ミネラルオイル）……231
両性イオン界面活性剤……62、67、227、229
リンクルナイアシン……110
リンゴ果実エキス……199
リンゴ果実水……46
リンゴ果実培養細胞エキス……223
リンゴ酸……159、165
リンゴ酸ジイソステアリル……55、57
リン酸-L-アスコルビルナトリウム……96
リン酸-L-アスコルビルマグネシウム 96、102
リン酸アスコルビル3Na……138、147、159
リン酸アスコルビルMg……138、147、159
リン酸マグネシウム……103
リンス……35
ルイボス葉エキス……23
ルシノール……97
ルミガン……220
レシチン……67
レシチン系……227
レゾルシン……157
レチノイン酸トコフェリル……111
レチノール……110、114、128、179、183
レモン果実エキス……199
レモン果皮油……193
レモングラス水……46
レモングラス油……193、197
ロイシン……129
老人性色素斑……93
ロウ類……55、57、231
ローズ水……44
ローズヒップエキス……23
ローズマリー水……46
ローズマリー葉エキス……199
ローズマリー油……197
ローズ油……192、193、197
ロドデノール……98、101

わ行

枠練り……32
ワセリン……42、55、56、61、130、179、183、231
ワックス……55、57

その他（数字、アルファベット）

1,2-ヘキサンジオール……51、187、191、230
1,2-ペンタンジオール……51、187
1,3-ブチレングリコール……21、26、50、130、230
（1,4-ブタンジオール/コハク酸/アジピン酸/HDI）コポリマー……113、148
3-O-エチルアスコルビン酸……97、103
3-O-セチルアスコルビン酸……111、148
3-ラウリルグリセリルアスコルビン酸……130
4-MSK……98
4-n-ブチルレゾルシン……95、97
4-メトキシサリチル酸カリウム塩……95、98
5,5'-ジプロピル-ビフェニル-2,2'-ジオール……95、98
10-ヒドロキシデカン酸……137、145、156
〇〇酸ジペンタエリスリチル……61
AGEs……163
AHA……159、165
APM……96、138、147、159
APS……96、138、147、159
BG……17、21、25、26、50、52、130、183、198、199、230
BHT……209
（C12,13）パレス硫酸Na……230
（C12-14）パレス-〇……227
CoQ10……112、147、158
dl-α-トコフェリルリン酸ナトリウム……112、138、147、158
dl-α-トコフェロール……22
dl-カンフル……166、183
DPG……22、50、52、230
d-δ-トコフェロール……22
d-カンフル……166
d-メラノ……98
EDTA……209
EDTA-2Na……22、209
EDTA-4Na……22、27、209
EGF（上皮細胞成長因子）……222
IFRA（イフラ）……196
INCI名（インキ名）……22、23
L-アスコルビン酸……102
m-トラネキサム酸……96
NMF……78、117、146
o-シメン-5-オール……157
O/W型……33
PA……205、206
PCA-Na……51、129
PCE-DP……98
PCPC（米国パーソナルケア製品評議会）……23
PEG・PPGエステル系……227
PEG/PPG-30/10ジメチコン……228
PEG-〇水添ヒマシ油……68、227
PEG-〇水添ラノリン……227
PEG-〇ヒマシ油……227
PEG-〇ホホバ油エステルズ……227
PEG-(4,5,6,20)……229
PEG-10メチルエーテルジメチコン……228
PEG20-ソルビタンココエート……228
PEG-30水添ヒマシ油……22
PEG-40……22
PEG-60アーモンド脂肪酸グリセリル……27
PEG-60水添ヒマシ油……22
(PEG-240/デシルテトラデセス-20/HDI)コポリマー……208
PG……50、51、230
pH……210
pH調整剤……30、210
PPG-〇ステアリル……227
PPG-10メチルグルコース……17
PPG-25ジメチコン……228
RIFM（リフム）……196
SPF……205、206
TXC……96
T細胞……84
t-ブタノール……25
t-ブチルメトキシジベンゾイルメタン……204
UVA……202、205
UVB……202、205
UVC……205
W/O型……33
α-アルブチン……97
α-イソメチルイオノン……194
α-オレフィン……224
α-グルカンオリゴサッカリド……223
α-ヒドロキシ酸……146、159
β-アルブチン……97
ε-アミノカプロン酸……146、157

表皮……77、78
ピリドキシンHCl……137、145、156
ヒルドイド……221
ピロクトンオラミン……189
ピロリドンカルボン酸ナトリウム……51、129
敏感肌……120、124
フィチン酸……137、145
フィトスフィンゴシン……127
フィラグリン……130
フェオメラニン……83
フェニルベンズイミダゾールスルホン酸……204
フェノキシエタノール……25、186、188
賦形剤……56、57
ブチルカルバミン酸ヨウ化プロピニル……186、189
ブチルパラベン……186
ブチルフェニルメチルプロピオナール……195
普通肌……122
フッ素系……228
フッ素変性シリコーン樹脂……140
不飽和脂肪酸……97、149
フムスエキス……46
フラーレン……112、138、147、158
プラスミン……146、157
プラセンタエキス……98
ブラックヘッド……143
フルーツ酸……165
ブルーライト……205
プルラン……208
プレドニゾロン酢酸エステル……220
プロスタグランジン類似体……220
プロテアーゼ……144、149、167
プロパンジオール……50、52、230
プロピルパラベン……186
プロピレングリコール……51、230
分岐鎖アルキルベンゼンスルホン酸Na（ABS洗剤）……229
ベース成分……46、52
ヘキサデシロキシPGヒドロキシエチルヘキサデカナミド……127
ヘキシレングリコール……230
ヘチマ水……46
ベニバナ……200
ヘパリン類似物質……129、166、173、220
ベビーオイル……42
ペプチド類……222
ベヘナミドプロピルジメチルアミン……66、226
ベヘニルアルコール……59
ベヘントリモニウムクロリド……66、226
ベヘントリモニウムメトサルフェート……226
ヘマトコッカスプルビアリスエキス……112、138、147、158
ベルガモット果皮油……193
ベンザルコニウムクロリド……66、226
ベンジルアルコール……187、195
ペンチレングリコール……51、187、191、230
ベントナイト……139、149
芳香蒸留水……44、46
防腐剤……18、25、26、66、186、187、188、190、211、212、230
防腐剤フリーコスメ……51
防腐剤無添加化粧品……51
ほうれい線……108
飽和脂肪酸……58
ホエイ……146
保湿剤……18、24、26、50、130、187
ポジティブリスト（配合制限成分表）……213
ボタニカルウォーター……47
ホホバ種子油……55、57、231
ホホバ油……183
ボラギノール……221
ポリエチレングリコール2000……22
ポリオキシエチレン硬化ヒマシ油……22、229
ポリオキシエチレンラウリルエーテル……229
ポリオキシエチレンラウリルエーテル硫酸ナトリウム……22
ポリオレイン酸スクロース……228
ポリクオタニウム-7……208
ポリクオタニウム-10……208
ポリクオタニウム-51……183
ポリグルタミン酸……130
ポリシリコーン-15……204
ポリソルベート-○……68、228、229
ポリビニルアルコール……208
ポリフェノール……98
ポリマー……207

ま行

マイクロクリスタリンワックス……231
マカダミアナッツ油……183
マカデミア種子油……58、149、197
マグネシウム……96、138、147、159
マグノリグナン……98
マラセチア菌……157
マリオネットライン……108
慢性ニキビ……152、155
水……44、46
ミツロウ……55、57、231
緑○○（数字）……201
ミネラルオイル……40、42、55、56、183、231
ミリスチルアルコール……231
ミリスチン酸……58、59、70、224、231
ミリスチン酸K……231
ミリスチン酸Na……231
ミリスチン酸イソプロピル……231
ミリスチン酸ミリスチル……231
無香料……24
無水ケイ酸……138
紫○○（数字）……201
（メタクリル酸グリセリルアミドエチル/メタクリル酸ステアリル）コポリマー……113
メチルアラニンNa……71
メチルイソチアゾリノン……186、189、191
メチルパラベン……22、186
メチルヘスペリジン……167、168
メチレンビスベンゾトリアゾリルテトラメチルブチルフェノール……204
メトキシケイヒ酸エチルヘキシル……204
目元のたるみ……170、172
メラニン……78、80、83、92、94、98、167
メラノサイト……78、80、83、92、94、98
免疫細胞……84
綿実油……231
メントール……192
毛包……76
モモ葉エキス……199
モンモリロナイト……139、149

や行

薬用化粧品……20、21、216、217
ヤシ脂肪酸DEA（コカミドDEA）……229
ヤシ脂肪酸スクロース……228
ヤシ油……58、197、231
ヤシ油アルキルグルコシド……228
ヤシ油脂肪酸PEG-○グリセリル……228
薬機法（旧薬事法）……17、216
ユーカリ水……46
ユーカリ葉油……193
ユーカリ油……193、197
有効成分……20、21、216
有棘層……78
ユーメラニン……83
遊離脂肪酸……138
油脂……55、58、197、231
油性基剤 毒性・刺激性一覧……231
油性成分……55、56
油性染料……200、201
ユズ果皮油……193
ユビキノン……112、147、158
ゆらぎ肌……124
陽イオン界面活性剤……62、66、226、229

ら行

ライスパワーNo.6……137、145、156
ライスパワーNo.11……129
ラウラミドDEA……68
ラウラミドプロピルヒドロキシスルタイン……227
ラウラミドプロピルベタイン……67、227
ラウラミンオキシド……229
ラウリルグルコシド……228
ラウリルジモニウムヒドロキシプロピル加水分解コムギタンパク……226
ラウリルトリモニウムクロリド……226
ラウリルトリモニウムブロミド……226
ラウリルヒドロキシスルタイン……227
ラウリルベタイン……227
ラウリルベンゼンスルホン酸Na……229
ラウリル硫酸Na……27、64、65、69、224、229
ラウリル硫酸TEA……224
ラウリル硫酸アンモニウム……224、229
ラウリル硫酸塩……27、230
ラウリン酸……59、224、231
ラウリン酸K……224
ラウリン酸Na……70、224、229
ラウリン酸ソルビタン……229
ラウリン酸ポリグリセリル-○……68
ラウレス-○カルボン酸Na……64、65、71、131、139、225
ラウレス-○……68、227、229
ラウレス-4カルボン酸Na……64、225
ラウレス-5酢酸Na……225

チャ葉エキス……199
直鎖アルキルベンゼンスルホン酸Na……224
チロシナーゼ……83、101
チロシン……83、101
ツノマタゴケエキス……194
ツバキ種子油……197
つまり毛穴（角栓づまり）……142
手あれ……181
ティーツリー油……193
テカリ……134
デクスパンテノールW……95、98
デシルグルコシド……68、228
テトラオレイン酸ソルベス-○……68
デヒドロ酢酸……186
デヒドロ酢酸Na（デヒドロ酢酸塩）…186、188
テレフタリリデンジカンフルスルホン酸…204
転相……33
天然界面活性剤……62
天然香料……192
天然水……46
天然精油……193、194
天然セラミド……126、127
天然保湿因子……78、117
糖化……163
トウガラシ果実エキス……166
トウガラシチンキ……166
トウキンセンカ花エキス……199
糖セラミド……127
動物セラミド……127
ドーパキノン……83
トコフェリルリン酸Na……112、138、147、158
トコフェロール……22、25、112、138、147、158、166、209
トコフェロール酢酸エステル……166
ドデシルベンゼンスルホン酸Na……224
トラネキサム酸……95、96、174
トラネキサム酸セチル塩酸塩……95、96
トラネキサム酸誘導体……96
トリイソステアリン酸PEG-○グリセリル……68、228
トリートメント……35
トリエチルヘキサノイン……55、57、183
トリクロロカルバニリド……189
トリデセス-3酢酸Na……225
トリデセス-6カルボン酸Na……225
（トリフルオロプロピルジメチコン/ PEG-10）クロスポリマー……228
ドロメトリゾールトリシロキサン……204

な行

ナイアシンアミド……98、110
ナイロン-6……113、148
ナトリウム石けん……70
ニールワン……110、114
ニオイテンジクアオイ油……193
ニキビ……152、153
ニコチン酸アミド……95、98、110
二酸化炭素……167
日光黒子……93
日本化粧品工業連合会（粧工連）……22
乳液……32
乳化安定剤……59
乳化剤……67、68、227、228
乳酸……129、146、159、168
尿素……131、183
ネガティブリスト（配合禁止成分表）……69、188、213
粘土鉱物……149、208
濃グリセリン……50
ノニオン界面活性剤……62、68、227
ノンケミカル……203
ノンパラベン……191

は行

ハーブ水……44
パーフルオロアルキル（C6-16）エチルリン酸アンモニウム……228
パーフルオロアルキル（C8-18）エチルリン酸DEA……228
パーム核脂肪酸アミドプロピルベタイン…227
パーム油……224
ハイドロキノン……98、220
ハイドロキノン誘導体……97
白色顔料……19、211
白斑……101
肌のしくみ……76
肌フローラ（皮膚常在菌叢）……223
肌老化……106
ハッカ油……193、197
パック……164
パッションフルーツエキス……23
ハトムギ種子エキス……199
バニリルブチル……166
パパイン……149、168
ババスアミドプロピルベタイン……227
馬油……55、58、149、183
ハマメリス水……46
パラオキシ安息香酸エステル…22、186、190
パラフィン……55、56、183、231
パラベン……25、186、188、190、191
バリア機能……79、121
パルミチン酸……59、224、231
パルミチン酸K……224
パルミチン酸Na……224
パルミチン酸アスコルビルリン酸3Na……111、148
パルミチン酸イソプロピル……183、231
パルミチン酸エチルヘキシル……55、57
パルミチン酸デキストリン……207
パルミチン酸レチノール……111
パルミトイルトリペプチド-1……222
パルミトイルトリペプチド-5……112、148、222
半合成香料……192
ヒアルロン酸……79、85、107
ヒアルロン酸Na……24、128、183
ヒアルロン酸ジメチルシラノール……111
ヒアルロン酸ヒドロキシプロピルトリモニウム……226
ヒアルロン酸誘導体……111
非イオン界面活性剤……62、68、227、228、229
ピーリング……165
ピーリング剤……158
ピーリングジェル……144、165
ピールオフパック……208
ビオセラミド……127
ビオチノイルトリペプチド-1……222
皮下脂肪……77
皮下組織……76
光老化……106
皮丘（ひきゅう）……76
皮溝（ひこう）……76
皮脂……76
皮脂吸着成分……138
皮脂腺……76
皮脂代謝促進剤……179
皮脂分泌抑制成分……137、145、156
皮脂膜……76、79、117
ビスエチルヘキシルオキシフェノールメトキシフェニルトリアジン……204
ビタミンA……110
ビタミンA油……128、183
ビタミンA誘導体……111
ビタミンB3……110
ビタミンB3誘導体……98
ビタミンB6誘導体……137、145、156
ビタミンC……102、103
ビタミンC誘導体…95、96、97、102、103、111、130、138、147、148、159
ビタミンE……147、158、209
ビタミンE誘導体……111、112、129、138、147、158、166
ビタミンP……167、168
ヒト遺伝子組換オリゴペプチド-1……222
ヒトオリゴペプチド-1……222
ヒト型セラミド……111、126、127
ヒト脂肪細胞順化培養液エキス……223
ヒドロキシイソヘキシル3-シクロヘキセンカルボキサルデヒド……194
ヒドロキシエチルセルロース……207
ヒドロキシシトロネラール……195
ヒドロキシパルミトイルスフィンガニン…127
ヒドロキシプロピルトリモニウム加水分解ケラチン……226
ヒドロキシプロピルトリモニウム加水分解コラーゲン……226
ヒドロキシプロピルトリモニウム加水分解シルク……226
ヒドロキシプロリン……129
ヒドロキシプロリン誘導体……112、148
（ビニルジメチコン/メチコンシルセスキオキサン）クロスポリマー……113、148
ヒノキチオール……189
美白……92
美白化粧品……99、100
美白成分……96
ヒマシ油……231
ビマトプロスト……220
ひまわり油……183
日焼け止め……35、206
美容液……36
表情ジワ……108

サルビアヒスパニカ種子油……23
サルフェート系（硫酸系）……224
酸化亜鉛……19、138、203、204
酸化スズ……25
酸化チタン……19、200、203、204、211
酸化鉄……200
酸化防止剤……18、25、26、30、209
酸性石けん……64、139
酸性染料……200、201
サンタン（即時黒化）……205
サンバーン（炎症）……205
三フッ化イソプロピルオキソプロピルアミノカルボニルピロリジンカルボニルメチルプロピルアミノカルボニルベンゾイルアミノ酢酸Na……110
シア脂……55、58、61、183
シアバター……58、183
ジイソステアリン酸ポリグリセリル-○……228
シートマスク……119
ジエチルアミノヒドロキシベンゾイル安息香酸ヘキシル……202、204
紫外線……92、205
紫外線吸収剤……202、204、212
紫外線散乱剤……203、204
色素細胞（メラノサイト）……78、80、83、92、94、98
色素沈着……170、220
シクロペンタシロキサン……55、59
ジ酢酸ジペプチドジアミノブチロイルベンジルアミド……113
思春期ニキビ……152、154
脂性肌……134
脂腺細胞……81、85、135
ジパルミトイルヒドロキシプロリン……112、148
ジヒドロキシリグノセロイルフィトスフィンゴシン……127
ジブチルヒドロキシトルエン……209
ジプロピレングリコール……22、50、230
脂肪酸……231
シミ……92、93、94、96、100
ジメチコン……55、59、61
（ジメチコン/ビニルジメチコン）クロスポリマー……207
シメン-5-オール……157
雀卵斑……93
ジャスミン油……193
シャンプー……35
重症ニキビ……152
主婦湿疹……181
粧工連……22
樟脳……166
植物エキス……18、198、199
植物水……44、47
植物性セラミド……126
植物油脂……183
ショ糖脂肪酸エステル系……228
ジラウリン酸グリセリル……229
ジラウリン酸スクロース……228
ジラウロイルグルタミン酸リシンNa……228
シリカ……138
シリコーン系……228
シリコーンオイル……55、59、61、208
シロキクラゲ多糖体……207
白ニキビ……153
シワ……106、108
シンエイク……113
ジンクピリチオン……189
神経……76
親水基……63
真皮……77、78
親油基……39、63
水酸化カリウム（水酸化K）……210、224
水酸化ナトリウム（水酸化Na）……210、224
水酸化レシチン……227
水性成分……50、52
水添ポリイソブテン……56
水添リゾレシチン……227
水添レシチン……67、227
水性基剤 毒性・刺激性一覧……230
水溶性コラーゲン……128
スギナエキス……199
スクワラン……55、56、183、199、231
スクワレン……56
ステアラミドプロピルジメチルアミン……66、226
ステアリルアルコール……59、231
ステアリン酸……59、229、231
ステアリン酸K……70、224
ステアリン酸Na……70、224、229
ステアリン酸PEG-○ソルビタン……228
ステアリン酸イソプロピル……231
ステアリン酸エチルヘキシル……231
ステアリン酸グリセリル……68、228、229
ステアリン酸グリセリル（SE）68、228、229
ステアリン酸スクロース……228
ステアリン酸ソルビタン……229
ステアリン酸ラウレス-○……227
ステアルトリモニウムクロリド……66、69、226、229
ステアルトリモニウムブロミド……226
ステアルトリモニウムメトサルフェート……226
ステアロキシプロピルジメチルアミン……226
ステロイド……221
スフィンガニン……127
スフィンゴ脂質……127
スフィンゴシン……127
スフィンゴミエリン……127
スペアミント油……193
スルタイン系……227
スルホコハク酸（C12-14）パレス2Na……225
スルホコハク酸ラウリル2Na……225
スルホコハク酸系……225
スルホコハク酸ラウレス2Na……64、225
スルホン酸系……224
精製水……22、44、46
精油……192、193、194、197、198
セージ水……46
セージ油……193、197
セージ葉エキス……199
セスキオレイン酸ソルビタン……228
セスキ炭酸ソーダ……210
セタノール……59、231
セチルPGヒドロキシエチルパルミタミド……127
セチルピリジニウムクロリド……66、226
石けん……64、65、70、224
石けん系界面活性剤……224
石けん系洗浄剤……139
石けん素地……64、70、224
セテアラミドエチルジエトニウムサクシノイル加水分解エンドウタンパク……226
セテアリルアルコール……59
セテアリルグルコシド……228
セテス-○……227
セトリモニウムクロリド……66、226、229
セトリモニウムメトサルフェート……226
ゼラニウム油……193
セラミド……18、79、117、126、177
セラミド（数字/アルファベット）……126、127
セラミド3……111、126、127
セラミド6Ⅱ……111、127
セラミド前駆体……127
セラミド類似体……127
セリン……129
セレブロシド……127
線維芽細胞……77、78、81、85、107
洗顔料……31、32、33
染料……177、200、201
増粘剤……18、30、207
層板顆粒……117
ソーダ石けん……70
疎水基……39、63
即効型ビタミンC……96、138、147、159
そばかす……93
ソフトフォーカス効果……113、148
ソルビタンエステル系……228
ソルビトール……51
ソルビン酸K……186
ソルビン酸……186
ソルビン酸塩……186、188

た行

タール色素……200、201、212
ターンオーバー……82、88
第三級アミン塩……66
第三級アミン系……226
ダイズ油……197、231
橙○○（数字）……201
タイトジャンクション（TJ）……79
タイム油……193
第四級アンモニウム塩……66、229
タウリン系……225
建染染料……200
多糖類……207
ダマスクバラ花水……46
たるみ……106
たるみ毛穴……142
たるみジワ……108
炭化水素油……55、56、183、231
炭酸……167
単離香料……192
チアシードオイル……23
着色剤……200
茶グマ（色素沈着型）……170、172、174
着香剤……187、192

カプリリルグルコシド……228
カプリルヒドロキシサム酸……187
カプロオイルスフィンゴシン……127
カプロオイルフィトスフィンゴシン……127
カミツレ（カモミール）……96
カモミラET……95、96
カモミラエキス……96
かゆみ……120
ガラクトシルセラミド……127
ガラクトミセス培養液……46
カリ含有石けん素地……139
カリ石けん……65、70
カリ石けん素地……64
顆粒細胞……82
顆粒層……78
カルナウバロウ……231
カルボニル化……163
カルボマー……18、183、207
（カルボマー/パパイン）クロスポリマー……168
カルボン酸系洗浄成分……71
カロテノイド……112、138、147、158
還元剤……209
汗腺……76、77
乾燥……106、116
カンゾウ根エキス……198、199
乾燥ジワ……108
乾燥肌……116
肝斑……93
カンフル……166
顔料……200、201
黄○○（数字）……201
機械練り……32
キサンタンガム……18、207
擬似セラミド……127
基質……79、85、107
キダチアロエ液汁……46
基底細胞……82
基底層……78
基底膜……79
キトサン……226
キトサンヒドロキシプロピルトリモニウムクロリド……226
キャリアオイル……192
キャリーオーバー成分……17、25
キャンデリラロウ……231
旧表示指定成分……26
強靭肌……122
キレート剤……187、209
近赤外線……205
金属イオン封鎖剤……209
グアーヒドロキシプロピルトリモニウムクロリド……208、226
クエン酸……210
クエン酸Na……210
クオタニウム-○……66、226
くすみ……162
クダモノトケイソウ果実エキス……23
くちびる……176
クマ……170
クマリン……194
クリーム……31、32
グリコール酸……159、165、168
グリコシルヘスペリジン……167、173
クリサンテルムインジクムエキス……173
グリシン……129
グリセリン……50、52、129、159、183、230、231
グリセリンエステル系……228
グリチルリチン酸……146、156
グリチルリチン酸2K……18、130、146、156
グリチルリチン酸ジカリウム……130、146、156
グリチルリチン酸二カリウム……183
グリチルレチン酸ステアリル……146、157、183
グルコシド……102
グルコシルセラミド……127
グルタミン酸……129
グルタミン酸Na……71
クレイ（泥）成分……139
グレープフルーツ果皮油……197
クレンジング……33、34、38、39、40、42
黒○○（数字）……201
黒グマ（たるみ型）……170、172
黒ニキビ……153
クロルフェネシン……186
クロルヘキシジングルコン酸塩……220
毛穴……77、142
形状記憶ポリマー……208
ケイ素……55、111
化粧水……32
化粧品……216、217
血行促進成分……177、179
ケミカルピーリング……129、159
ケラチノサイト……79、80、82
ケラチン……163
ケラトヒアリン顆粒……117
ゲラニオール……194
抗炎症剤……18
抗炎症成分……146、156、179
高級アルコール……59、231
高級脂肪酸……59、224、231
抗酸化剤……112、138
抗酸化成分……58、112、138、158
コウジ酸……95、97
香粧品香料原料安全性研究所（RIFM/リフム）……196
合成油……55、57
合成エステル……231
合成界面活性剤……62
合成香料……192
合成セラミド……126
合成ペプチド……148、222
合成ポリマー……113、148、208、211
合成ムスク……192
酵素……110、144、149、168
好中球エラスターゼ……110
高分子成分……207
酵母培養液……46
香料……17、20、46、192、194
国際香粧品香料協会（IFRA/イフラ）……196
コエンザイムQ10……112、147、158
コーン油……231
コカミドMEA……68
コカミドプロピルジメチルアミン……226
コカミドプロピルヒドロキシスルタイン……227
コカミドプロピルベタイン……65、67、227、229
黒色メラニン……83
ココアルキル硫酸Na……224
ココアンホ酢酸Na……65、67、227、229
ココアンホジ酢酸2Na……227、229
ココアンホジプロピオン酸2Na……227、229
ココアンホプロピオン酸Na……227、229
ココイルアルギニンエチルPCA……66、226
ココイルイセチオン酸Na……225
ココイルグリシンK……65、225
ココイルグリシンNa……225
ココイル加水分解カゼインK……225
ココイル加水分解ケラチンK……225
ココイル加水分解コムギタンパクNa……225
ココイル加水分解コラーゲンK……225
ココイル加水分解ダイズタンパクK……225
ココイルグルタミン酸2Na……225
ココイルグルタミン酸K……225
ココイルグルタミン酸Na……65、131、139、225
ココイルグルタミン酸TEA……225
ココイルサルコシンNa……225
ココイルサルコシンTEA……225
ココイルメチルアラニンNa……225
ココイルメチルタウリンNa……65、225
ココイルメチルタウリンタウリンNa……225
ココベタイン……227
小ジワ……106、108
コハク酸……113、148
ゴマージュジェル……144、165
米エキスNo.11……129
コメド（面ぽう）……143、145、153、156
コメヌカスフィンゴ糖脂質……127
コメヌカ油……149
コメ胚芽油……197
コメ発酵液……46
コラーゲン……18、77、79、85、107、183、226
ゴルゴ線……108
混合肌……41
コンディショナー……35

さ行

細胞間脂質……79、117
酢酸DL-α-トコフェロール……129、166、173、179
酢酸トコフェロール……129、166、183
酢酸レチノール……114
サッカロミセス培養液……46
殺菌剤……66、154、181、211、226
殺菌成分……157
サフラワー油……231
サリチル酸……157、186
サリチル酸Na……186
サリチル酸エチルヘキシル……204
サリチル酸塩……186
サリチル酸ベンジル……194

化粧品成分名索引

あ行

アーモンド油……183、197
亜鉛華……138
青○○（数字）……201
青グマ（血行不良型）……170、171
赤○○（数字）……201
赤ニキビ……153
アクネ菌……153
（アクリル酸/アクリル酸アルキル（C10-30））クロスポリマー……207
（アクリル酸ヒドロキシエチル/アクリロイルジメチルタウリンNa）コポリマー……207
アスコルビン酸……18、96、111、138、147、148、159
アスコルビン酸2-グルコシド……97、102
アスコルビン酸エチル……97
アスタキサンチン……112、138、147、158
アスパラギン酸……129
アスパラギン酸Na……71
アスパラサスリネアリス葉エキス……23
アセチルデカペプチド-3……222
アセチルヒアルロン酸Na……128
アセチルヘキサペプチド-8……113、222
アデノシン一リン酸二ナトリウムOT……95、98
アトピー体質……122
アニオン界面活性剤……62、64、224
アボカド油……149、197
アポクリン腺……76
アボベンゾン……204
アミドベタイン系……227
アミノ酸……112、146、148、157、183、222、225
アミノ酸系……225
アミノ酸系界面活性剤……65、131、139、229
アミノ酸系洗浄成分……71
アミノ酸系保湿成分……51、129
アミノ酸類……129
アラニン……129
アラントイン……146、157、183
亜硫酸Na……209
アルガニアスピノサ核油……23、55、58、149、183
アルカリ剤……70、210
アルガンオイル……23、58、149
アルギニン……129
アルキル（C○-○）グルコシド……228
アルキル（C12,14）オキシヒドロキシプロピルアルギニンHCl……67、227
アルキルエーテル系……227
アルキルグルコシド……68、228
アルキルベタイン系……227
アルキル硫酸系……224
アルゲエキス……199
アルジルリン……113、222
アルデヒド類……163、192
アルニカ花エキス……199
アルブチン……95、97
アロエベラ液汁……46
アロエベラ葉エキス……199
アロマオイル……192
アロマ水……44
アンズ果汁……46
アンズ油……197
安息香……186
安息香酸……186
安息香酸塩……27、186、188
安息香酸Na……27、186
安息香酸ベンジル……194
イオウ……157
イセチオン系……225
イソアルキル（C10-40）アミドプロピルエチルジモニウムエトサルフェート……226
イソステアラミドプロピルエチルジモニウムエトサルフェート……226
イソステアラミドプロピルジメチルアミン……226
イソステアリルアルコール……231
イソステアリン酸PEG-○グリセリル……228
イソステアリン酸PEG-○水添ヒマシ油……227
イソステアリン酸PEG-○ソルビタン……228
イソステアリン酸イソステアリル……61
イソステアリン酸ソルビタン……68、228
イソステアリン酸ラウレス-○……227
イソドデカン……183、231
イソプロパノール……25
イソプロピルメチルフェノール……157、189
イソヘキサデカン……183、231
イチゴ毛穴……143
イミダゾリン系……227
医薬品……216、217、220
医薬品、医療機器等の品質、有効性及び安全性の確保等に関する法律（医薬品医療機器等法）……17
医薬部外品……20、22、216、217
イランイラン油……193
陰イオン界面活性剤……62、64、224、225、227、229
ウマスフィンゴ脂質……127
エーテルカルボン酸系……225
エクリン腺……77
エステル油……55、231
エステル／エーテル／複合系……227
エタノール……19、25、50、52、166、198、230
エチドロン酸……209
エチルパラベン……22、186
エチルヘキシルグリセリン……187
エッセンシャルオイル……192
エデト酸……209
エデト酸塩……22、209
エナジーシグナルAMP……98
エベルニアフルフラセアエキス……194
エモリエント効果……57、60、187
エラグ酸……95、97
エラスターゼ阻害剤……114
エラスチン……85、107
エラスチン分解酵素……148
塩化セチルピリジニウム……66
塩化ベンザルコニウム……66、69、189、229
塩基性染料……200
塩酸ピリドキシン……137、145、156
炎症性色素沈着……93
エンテロコッカスフェカリス……223
エンドセリン……96
黄色メラニン……83
オーガニックシャンプー……68
オールインワン……125、207
オールインワンジェル……207
オキシベンゾン……204
オクトクリレン……202、204
オタネニンジン根エキス……199
大人ニキビ……152、155
オリーブ果実油……55、58、149、183、197、231
オリーブ油脂肪酸グリセリル……228
オリゴペプチド-24……222
オレイルアルコール……231
オレイルベタイン……227
オレイン酸……231
オレイン酸K……139、224
オレイン酸Na……139、224、229、230
オレイン酸イソデシル……231
オレイン酸ポリグリセリル-○……228
オレス-○……227
オレフィン（C12-14）スルホン酸Na……224
オレフィン（C14-16）スルホン酸Na……64、224
オレフィンスルホン酸Na……65
オレンジ果実水……46
オレンジ果汁……46
オロナイン……221
オレンジ果皮油……193、197
温泉水……44、46

か行

海水……46
界面活性剤……62、224
界面活性剤毒性・刺激性一覧……229
海洋深層水……44、46
カオリン……139、149
角化亢進……142、144
角化細胞（ケラチノサイト）……79、80、82、94
角栓……142
角層……78、79
加水分解コムギ……226
加水分解タンパク系……225
苛性ソーダ……70
硬さ調整剤……59
カチオン界面活性剤……62、66、226、229
カチオン化加水分解コムギタンパク-1……226
カチオン化加水分解コンキオリン-2……226
カチオン化セルロース……208
褐○○（数字）……201
カニナバラ果実エキス……23、199
カプサイシン……166
カプリリルグリコール……187

STAFF
装丁・本文デザイン／田中真琴
マンガ・イラスト／黒丸恭介
作画協力／犬川さと
肌図作成／白野実
肌図作成協力／白野未来
撮影／伊藤勝巳
企画・構成・編集協力／森島仁美
校正／株式会社ぷれす
編集担当／岡田澄枝（主婦の友インフォス）

美《び》肌《はだ》成《せい》分《ぶん》事《じ》典《てん》

2019年11月20日　第1刷発行
2020年　1月20日　第3刷発行

著　者　かずのすけ　白《しら》野《の》実《みのる》
発行者　前田起也
発行所　株式会社主婦の友インフォス
〒101-0052　東京都千代田区神田小川町3-3
電話 03-3295-9465（編集）
発売元　株式会社主婦の友社
〒112-8675　東京都文京区関口1-44-10
電話 03-5280-7551（販売）
印刷所　大日本印刷株式会社

ISBN978-4-07-428784-0